U0871310

RECONCILES WITH
EMOTIONS

与情绪和解的睡眠自救疗愈法

牛健——————著

中国妇女出版社

图书在版编目（CIP）数据

与情绪和解的睡眠自救疗愈法 / 牛健著. -- 北京 ：
中国妇女出版社，2023.11
ISBN 978-7-5127-2331-3

Ⅰ.①与… Ⅱ.①牛… Ⅲ.①情绪－睡眠疗法 Ⅳ.
①B842.6②R749.055

中国国家版本馆CIP数据核字（2023）第188722号

责任编辑：赵　曼
封面设计：末末美书
责任印制：李志国

出版发行：中国妇女出版社
地　　址：北京市东城区史家胡同甲24号　　邮政编码：100010
电　　话：（010）65133160（发行部）　　65133161（邮购）
网　　址：www.womenbooks.cn
邮　　箱：zgfncbs@womenbooks.cn
法律顾问：北京市道可特律师事务所
经　　销：各地新华书店
印　　刷：小森印刷（北京）有限公司

开　　本：150mm×215mm　1/16
印　　张：13.25
字　　数：200千字
版　　次：2023年11月第1版　　2023年11月第1次印刷
定　　价：59.80元

谨以此书献给因失眠而陷入精神痛苦的朋友，

希望你们通过阅读此书，

减少时间成本和试错成本，

早日走出失眠的泥潭。

友情提示

失眠是非常痛苦的，康复是一个波动的过程。

如果你在自救期间需要有人陪伴，或者需要进行心理辅导和心理支持，可搜索微信公众号“失眠自救计划”联系我。

重要声明

笔者曾经深受失眠困扰，后来经过学习中西方睡眠医学和心理学相关知识，学习书目包括《睡眠医学基础》《失眠的认知行为治疗：逐次访谈指南》《神经衰弱和强迫观念的根治法》《精神焦虑症的自救》等经典著作及相关书籍，后经过不断尝试和实践，最终实现了自救。自2018年以来，笔者陆续带领一批（千人以上）符合条件的失眠来访者通过学习科学方法，成功帮他们实现了失眠自救。

但为了严谨起见，笔者仍需向广大读者声明，本书适用于符合条件的失眠类型（书中第二章有各种类型的失眠介绍），并不能笼统地适用于所有类型的失眠。

本书内容均是笔者失眠的亲身经历、学习笔记和咨询心得、见闻的汇总。虽然笔者讲的科普和解决方案均来自睡眠医学或心理学领域的教科书和临床指南，但还是建议失眠者在经过可靠的医生准确诊断并排除其他疾病的前提下再来阅读本书。

书中内容如有疏漏，还望广大专家与读者批评指正。失眠者如有不适，请及时就医。

目 录

Chapter2

失眠和解决方案

Chapter3

与情绪更好地和解，让疗法更好落地

Chapter4

咨询过程中大家都在问的问题

Chapter5

典型案例的康复心得

Chapter6

从此尽是坦途

写在开头

我经常跟失眠来访者打比方：让你痛苦的入睡障碍就像骨折以后的疼痛一样，只是一个普通的症状。

骨折后的疼痛不会因个人主观意志而减弱或消失，患者只能等待身体骨骼自己慢慢愈合。失眠人却因为不懂其中原委而深陷泥潭——几乎每时每刻都在敦促自己克服睡眠障碍、克服焦虑情绪或者克服那些控制不住的躯体症状。结果越努力克服，失眠越加重，症状也因为一直关注而延续下去，从而不断精神受挫，让人产生一种好不了的错觉，甚至导致情绪崩溃。

失眠来自我们自己的“努力”培养。在失眠这件事上，越努力，越不幸运。但你大可不必因此绝望，只要你看见了并觉知是因为自己主观上的过分努力才导致深陷失眠和情绪泥潭的时候，便打开了失眠自救的大门。如果再按照本书第二章给出的疗愈方案，简单的内容重复做，便走上了正确的自救坦途。

通过科学的方法，当你的睡眠基本恢复后，你就大胆回归生活吧，让失眠淡出你的视野，不必害怕再次失眠。即使再次遭遇失眠，按照疗愈方案去做，失眠必定能再次被克服。记住，失眠是可控的，不必总是惦记着啦！

CHAPTER

1

我的失眠故事

故事的伏笔

我的母亲没有正式工作过，自我记事开始，她就一直陪在我身边。父亲在外务工，母亲在家照看我，这就是她的主业。由于对教育的重视，在我很小的时候母亲便教我拼音、汉字、算术，加之我脑袋还算灵光，所以我刚入学前班就算得上是“学霸”。有了好的开始，等到了小学、初中，我的学习生涯也算是一帆风顺，是“别人家的孩子”，从而顺理成章地志存高远。

进入高中阶段，面临高强度的学习环境，我失眠了，那年我 17 岁。对此，我和我家人都感到莫名其妙，也束手无措。当时的生活节奏和学习状态为我的失眠埋下了伏笔：

第一，每天长达 15 个小时的脑力学习，长此以往必然会打破身体的平衡。

第二，背负着远大的理想抱负，在自驱力作用下经常逼自己熬夜学习，不懂一张一弛、文武之道，每分每秒都在努力学习，忽略了放松和压力平衡管理。

第三，身体本就不算特别好，外加严重缺乏运动，导致身体素质跟不上。另外，父母的睡眠也都不怎么好。

第四，在身体虚弱和透支的情况下受到过几次惊吓，记忆比较深的是晚上回家走在黑黢黢的胡同里和晚上即将入睡时。

在多重因素的共同作用下，出现失眠就是必然了。我是在压力环境下，身体变得敏感虚弱，然后因为一些突发刺激事件诱发失眠。出现失眠以后，由于自我处理不当，使得失眠状态维持 3 个月以上，最终形成慢性失眠，由某一具体事件的刺激转变为对睡眠本身的恐惧焦虑。

后来读了睡眠相关的医学、心理学书籍我才明白，这就是一个人陷入慢性失眠的典型路径，我就是失眠的代表，并不是多么特殊的个案。

失眠初体验

我一开始失眠，就被一个恼人的入睡障碍束缚。每次快要睡着的时候总有一个恶魔跳出来打断我的入睡过程，导致身体紧张、浑身发汗、睡意全无，从而辗转反侧，甚至彻夜不眠，现在想起来真是不堪回首的痛苦经历。这个入睡障碍更像是强迫性的，越不愿想起偏偏越会想起。

白天学习一天，等晚上回到家，还算比较放松的，一旦躺下就开始控制不住紧张起来，浑身拧巴，睡意全无，辗转反侧，找不到入睡的感觉。即使好不容易酝酿出一点点睡意，也会被噩梦赶走……

如此失眠一夜，第二天起来浑身不舒服：心跳加速，眼睛干涩，反应迟钝，头上像戴着金箍，走路、做事都觉得特别不真实，犹如在梦和现实的交界处，好像与世界隔着一层。回忆以前发生的事情，虽然有些印象但会觉得不真实，不能像失眠之前那样随时调取过去的记忆。对楼层、时间、方位、距离等的感知变得模糊，失去了自己身上的那股“灵性”，用“行尸走肉”来形容当时的状态一点不为过。

中午或休息日，补觉也几乎都是以失败告终，并且越补越难受。白天想要舒畅地深吸一口气，让身心短暂地放松和愉悦一下，都是一件极其困难的事。偶尔勉强放松下来，也总会莫名焦虑。心貌似一直悬着，精神处于警觉状态，懒言少语，疲惫不堪。同时，心灰意懒，做什么事都没有心情。

反复这样，即便再有耐心的人也会心态崩溃，甚至开始绝望——因为自己已经非常努力，但就是睡不着，第二天很难受，睡眠完全不可控，难道自己一辈子都要这样下去？在某一瞬间甚至想要轻生，转念一想：我还是要好好活下去，继续毕恭毕敬地想办法解决失眠。正所谓“失眠虐我千百遍，我待失眠如初恋”。

身边的人给出的所谓建议，诸如“睡不着是不够困啊”“小小年纪不要想那么多啊”“年纪轻轻怎么会睡不着呢”……这些非但没用，通常还会增强烦恼，导致加深伤害。

我就拖着这样的躯壳咬牙坚持读书。虽然白天尽量专注于学习，但在课堂上、考场上，我很明显地感觉疲惫，并且丧失了原来的灵光乍现和神来之笔的灵性。白天冷不丁想到睡眠，心里会咯噔一下，引起一阵焦虑。想到白天有那么多功课要做，晚上还有一场恶战要打，就陷入无比的惆怅。

眼看着自己的成绩下降了一个段位，想想曾经优秀的自己和第一梯队的那些大学，我更加着急地想要好好睡一觉。结果你也能猜到，我绝大部分时候是睡不好的。再后来，对于成绩我已然妥协，我只希望通过好好睡一觉来让身体舒服一些，但仍旧失眠，仍旧在快要睡着的时候出现入睡障碍。有时无意间会“偷偷”睡一觉，醒来以后我就想：我刚才是怎么睡着的呢？下次怎么办？

我曾吃过相关药品（当时也不知道名字，我猜大概率是阿普唑仑这类药），但没什么效果。也去看过当地的中医，收效甚微。我们只是一个小县城，当时还接触不到有效的心理咨询，我当时不认为哪个人能够懂我的睡眠障碍，也很抗拒倾诉。

留给我的路只剩下孤独地自我琢磨、试错、验证。

屡战屡败 屡败屡战

就在上述失眠的内耗中，我走过了至暗的高中生涯。结果可想而知，学习势必受到了影响，但好在以 647 分的成绩考上了山东大学。

有人说，失眠是因为高考压力太大，考上大学就好了。我也希望是这样，可事实并非如此，失眠跟其他的焦虑不一样，是每天都要发生、每天都要面对的，不是某些压力源过去了就过去了。它更像一个我们后天学会的技能，然后永久地保留了下来。很多技能都需要经过刻意练习才不会变得生疏和遗忘，失眠却怎么忘都忘不掉，真的很可恨！

大学期间，我已经没有了任何压力和担忧的具体事情，但还是会失眠。通过不断努力，我找到了一些心法和快速入睡的方法，睡眠有时候可以很好，但过段时间，尤其是当你怀疑自己失眠是否真的好了的时候，或者立志要做一件有意义的事的时候，一旦对睡眠提高要求或者担心睡不好而影响做事，失眠就会不受控制地复发。

失眠的你应该能看得出，或者一定能体会到，失眠者一般都是自我驱动力很强的人，遇到问题就一定要解决，而且要尽快、尽善、尽美，同时要反复验证安全才放心。这样的处事风格驱使我不断地想要解决失眠和焦虑，每当入睡时，都会本能地盯着睡眠不放，总想着快速克服焦虑，处于彻底的放松状态从而睡着。一晚上都在努力地克服焦虑，越难受越想克服焦虑。解决不掉就继续努力解决。就这样屡败屡战，屡战屡败。

过了很久我才明白，逼自己克服焦虑，其实是逼着自己做本来就做不到的事，只会徒增烦恼。我就在这样的不断努力又不断失败中反反复复经历失眠，从高中到大学。大学毕业时的考研失利，也与失眠不无关系。后来从毕业到工作，失眠一直影响着我的人生轨迹、精神状态和幸福指数。

一步错，步步错。失眠，是横亘在我人生重大拐点上的“拦路虎”，但我从来没有放弃与它的对抗，直到2018年的某一天。

偶然的机会

偶然的机会，我在知乎上读到了一篇深刻分析睡眠焦虑的文章，立时感到被理解，犹如一箭穿心，喜出望外，瞬间放松了许多。原来失眠的我并不是孤独一人，而是有人在研究且研究得很透彻。同时，明白了自己属于心理生理性失眠和焦虑状态。

因为得到了理解，有了信心，我便放松地睡了好一阵子。这是我解决失眠的第一阶段——被理解后的好睡眠。

但就像大部分失眠人经历的那样，这种心理安慰式的睡好，过段时日后仍旧抵不过自己内心的怀疑和强迫，失眠又开始反复起来。但这次我不再手足无措，我开始学习研究方法，那次知乎的邂逅成了我系统化解决失眠问题的开始。

后来几经辗转，我接触到了睡眠医学、失眠的认知行为疗法和森田疗法，开始了系统的学习之路，这些理论知识为我解决失眠提供了系统性的理论框架。这些正是我第二章重点讲解的内容。

经过一段时间的理论学习，我开始了自救实践之路。经过不断的试错、试验、实践和总结，我从众多方法和理论中找到了最适合自己且最有用的。在科学方法的加持下，我的睡眠真的好起来了。这便是我解决失眠的第二个阶段——认真学习理论知识后，真正靠科学方法解决失眠。

但好景不长，这些方法一开始的效果是最好的，但终究抵不过我内心对方法本身的怀疑和强迫。一段时间后，我又陷入了失眠，这令人怀疑人生。但我继续打起精神，不断体会和研究失眠的根治法，后来经过反复怀疑最终“悟道”，我的失眠才被真正根治。后来，我的睡眠一直比较稳定，不再深陷泥潭，不再会陷入巨大的恐慌和焦虑中。这便是解决慢性失眠的第三个阶段——将入睡方法打散了、揉碎了，真正内化以后，重新回归自然人的睡眠状态。

真正的痊愈

经历过艰难困苦以后，如今那些折磨人的症状已经烟消云散。蓝天白云下，绿水青山间，雨过天晴，吹着风，随时可以深吸一口气，感觉自己得到了天地的滋养。身体不再疲惫，重新找到了那种睡完一觉身体很松散又很舒服的感觉。这时候再做一遍身体拉伸，会特别轻松愉悦，感觉无比的惬意舒畅。看山又是山，看水也是水，听歌曲还时而会有想要作词的冲动。心能静得下来了，需要行动的时候也能立刻行动，动静自如，身心自由。

其实，失眠的人只要睡好了觉，就可以不怕任何困难，失眠者的品格原本就是越有困难越迎难而上。那天我偶然听到了央视《经典咏流传》中的一首《少年中国说》，歌词引发了我内心的共鸣：

少年自有少年狂
身似山河挺脊梁
敢将日月再丈量
今朝唯我少年郎
敢问天地试锋芒
披荆斩棘谁能挡
世人笑我我自强
不负年少

听完让人热血高亢，敢将日月再丈量，不负年少的气概，唱的不就是那个失眠之前的少年吗？

其实，每一个积极向上的人都可以学会管理睡眠和情绪，通过纠正错误的认知和行为重新找回原来的自己，从而回到正常的生活中。但这个自己，准确地说，躯壳还是原来的躯壳，心早已是蜕变以后的样子。

截至目前，我的睡眠基本在掌控之中，即使偶尔因为生病或巨大的情绪刺激等原因睡不好，也没有任何情绪障碍了，睡眠也会很快恢复。我已经指导 1000 多位失眠朋友走出阴霾，积攒了大量的案例经验。

我把失眠类型的界定、原因、解决方案和失眠者不断追问的一些问题总结出来写成此书，希望能够帮助深陷泥潭的失眠者及其家属以极低的成本、极少的代价走出痛苦，实现自救。

CHAPTER

2

失眠和解决方案

关于失眠

怎么样才算失眠

世界卫生组织把失眠定义为：一周内至少有 3 天出现入睡困难和（或）睡眠维持困难（易醒）的情况，并因为失眠出现不适，白天出现各种负面情绪和躯体症状，同时影响日常的社会功能。

根据《睡眠医学基础》[①] 一书的论述，失眠状态是指你有充足的时间去睡眠，但却出现失眠，白天身体功能受到影响和损害。失眠者常见的表现有睡眠起始困难（入睡困难）、睡眠维持困难（频繁醒来）、早醒（过早醒来无法入睡）、长期非恢复性睡眠（不能恢复体力和精

① ［美］贝瑞原：《睡眠医学基础》，高和等译，人民军医出版社，2014.

力的睡眠），或者睡眠质量不佳。白天出现疲劳或乏力、注意力不集中、记忆力下降、社交或职业能力下降、学习能力下降，还有对睡眠本身过度担心和焦虑、情绪不稳或易激惹、日间困倦、消极疲惫、动机不足、在工作或驾驶时有发生错误 / 事故的倾向、因睡眠不足导致紧张性头胀、头痛或胃肠道症状等。

如果你也有上述情形，那么恭喜你，你离恢复健康自然睡眠不远了。

不同类型的失眠

失眠作为一种临床表现，其生理原因多种多样。根据原因的不同，失眠可以分为不同的类型。《睡眠医学基础》一书将失眠做了以下分类，现结合笔者的经历介绍给大家。

◎ 心理生理性失眠

心理生理性失眠占睡眠问题的比例为 12% ～ 15%，是本书着重分析和解决的失眠类型，也是笔者深受其苦的失眠类型。其主要表现特征是：

A. 过度关注睡眠，对睡眠问题焦虑。

B. 在正式睡眠和计划小睡时很难入睡，但是在做其他单调或者枯燥的活动时及不打算睡眠时却容易睡着。例如，有的人坐车的时候容易睡着，或者坐在客厅看电视时容易不知不觉睡着，但躺到床上正式入睡时就变得清醒。

C. 上床就清醒，思绪乱飞，不受意志力控制。

D. 卧床后身体紧张，不能放松；好不容易放松下来，即将入睡时会控制不住地出现强迫唤醒，导致躯体紧张、睡意全无。

E. 偶尔能睡好，但好的睡眠很难维持下去；睡好的时候不知道是如何睡好的，很容易因为压力事件、励志做事或者怀疑复发而复发。

这种失眠通常由外界刺激（家人病逝、考试失利或者工作压力等）形成，然后变成一种长期困扰，即使外界刺激消失了依然保留下来。

这种失眠最典型的症状是“条件觉醒”，即入睡时躯体紧张，因此也称条件反射性失眠或习得性失眠。“条件反射”大家都懂，一朝被蛇咬，十年怕井绳，一旦闭眼想到睡眠，就会出现心理唤醒。习得性是什么意思？意思是这种失眠是后天“学到的”，我们原本是不失眠的，有了一两次入睡障碍的经历以后，便学会了这个“技能”，想忘也忘不掉了。

如果不给予治疗，这种失眠可能时好时坏，反复发作，持续数十年，并有可能随着复发次数的增加导致病情加重。

◎适应性失眠

适应性失眠是由于某个事件的强烈刺激导致的失眠。绝大多数人在一生的某个特殊时期，都会经历一次或者多次适应性失眠。这种失眠并不可怕，多数会随着刺激事件的消失而逐渐缓解，一般不超过 3 个月。如果这种失眠对睡眠和日间功能产生明显影响，则需要接受治疗。

有的失眠者由于处理方式不恰当或认知错误等各方面原因，在刺激事件过去后仍旧失眠，并发展为超过 3 个月的慢性失眠，则表现为刚刚讲到的第一种失眠类型——心理生理性失眠。[①]

◎精神障碍性失眠

这种失眠主要是因比较严重的焦虑症、抑郁症、双

① 若无特殊说明，从下节开始，本书提到的失眠，均特指适应性失眠和心理生理性失眠。

相情感障碍等精神障碍而引起的。如果患有严重的精神障碍，则需要给予药物治疗，具体的严重程度可以找专业人士进行评估。将疾病控制在正常的范围内，再同时辅以相关的心理治疗和社会支持，这才是最优的解决方案。

◎睡眠卫生不良

睡眠卫生不良，一般是指一些睡眠条件和生活习惯不良，如睡前剧烈运动，白天摄入大量咖啡因，过度饮酒，睡眠环境噪声过大、光线太强、温度过高或过低，饮食过饱或过饥，作息不规律，早上过度赖床，日间总是试图打盹小睡等。

这些不良行为都会导致失眠。

◎矛盾性失眠

这种类型的失眠指的是睡眠感知障碍。通俗来说，就是失眠者感觉一晚上没睡，房间里的声响能听到，早上的鸟叫也能听到，但第二天却不受影响，没有感觉很困需要补觉。自认为很长时间没睡，几乎没有几个晚上睡好过，却不困，这就是大脑骗了自己，其实睡着了。

根据经验来看，这种情况一般会出现在安眠药的戒断过程中，以及不规律使用精神类药品以后。

◎ 其他类型的失眠

使用药物或物质导致的失眠。有些药物或物质会有失眠的副作用，如含有兴奋成分的药物，或者长期的酒精依赖，均会导致失眠。解决方法就是在医生指导下科学停用或控制相关药物和物质，本书在这里不再讨论。

内科疾病导致的失眠。这种失眠属于生理性基本的继发性失眠，如腹痛腹泻、尿频或者药物不良反应等导致的失眠。这种主要就是治疗相应疾病，也不在本书的讨论范围。

还有很多其他类型的失眠，均不在心理咨询的范畴，这里不再一一赘述。

陷入失眠的原因

要想解决问题，就必须分析清楚引发问题的原因。美国知名睡眠学者亚瑟·斯皮尔曼教授（Arthur J. Spielman）于 1987 年提出失眠的三因素原因分析模型。三因素指的是易感因素、诱发因素和维持因素。

◎易感因素

易感因素一般包括生物、心理和社会三个方面。

生物因素指的是精神和身体高度敏感或者先天性睡眠生成系统功能低下，一般来自遗传。

心理因素代表忧虑或过度思考的倾向。

社会因素，在理论上很少受重视，包括与床伴的睡眠时间不同步或由于社会 / 工作压力导致的不规律作息等。

◎诱发因素

诱发因素是突然出现的事件，与患者本身的易感因素叠加到一起，导致短暂性失眠问题。与易感因素一样，急性失眠的诱发因素也包括生物、心理和社会因素。

生物因素包括躯体疾病和损伤，这些因素可以直接或间接导致失眠。

心理因素包括急性应激反应，如某个精神刺激事件。

社会因素指社会环境发生改变，使原先的睡眠规律突然改变或中断，如晚上照顾婴儿。

◎维持因素

维持因素指个体为了应付短暂性失眠、获得更多的睡眠而采用的各种不良应对策略，主要集中于以下两点：通过多躺保证多睡的错误行为，以及过分关注和固着于解决具体症状的错误认知。

易感因素和诱发因素显而易见，都很好理解，维持因素一般是大家最感兴趣的部分。笔者曾写过一篇名为《陷入失眠的真正原因》的文章，是笔者公众号里阅读量最高的一篇。

维持因素主要包括晚上过早卧床，早上迟迟不起床，白天总是试图小睡，在床上做很多与睡眠无关的事，还有日间各种萎靡行为等。这里可以简单理解为失眠以后，由于过度关注睡眠和着急入睡，围绕失眠做很多正常人不会做的行为或失眠补偿措施。这些行为虽然符合失眠人的直觉，却使失眠维持了下去。

除了错误行为，还有一个重要的维持因素就是主观上过分关注和固着于解决具体症状的错误认知。

失眠的人一般天生比较敏感，多思多虑（易感因素），受某个精神刺激（诱发因素）就会出现短暂的急性失眠。

这种失眠体验非常糟糕，让人很想摆脱，并且想赶紧好好睡一觉以获得身体的放松和舒爽。除了失眠本身带来的躯体不适，失眠者还会担忧继续失眠下去的后果，比如担心失眠对日常工作学习的负面影响、对身体健康的重大伤害，尤其上网自查以后更加放大了这种担忧，导致恐慌。同时，失眠者想赶快恢复自然睡眠，然后就总是试图证明自己有睡好的能力。

凡此种种原因，让失眠者对睡眠提高了要求，把睡得好和睡得快当作一个短期内必须攻克的任务。所以，他在每次入睡的时候就更加关注入睡过程，总是在想自己是不是睡着了、是不是醒了、睡着多久了、睡得怎么样，认为只有随时想睡就睡，这样才算是真正康复了。否则，自己就还是个失眠的人，就得想办法去解决。

一旦经过反复多次验证都不成功，失眠者就开始恐慌了，急性子和追求完美的人情绪波动会非常巨大。为了赶紧完成克服失眠的任务，他们更加关注睡眠，不断研究入睡方法，时刻在想自己怎么才能顺利入睡、走出泥潭。即使有时候忙别的事情暂时忘记了思考失眠，可一旦想起来，就又陷入紧张和恐慌的状态中。

有的人通过努力，学习了一些所谓的技巧，暂时能够睡好（很可能是太困了），但还是不放心，不确定自己是不是真的睡好了。所以，失眠者总想着验证自己真的睡好了，只有充分验证了自己的睡眠没问题，才敢放心大胆地不去关心。于是，又开始为当天晚上或者未来几天的睡眠担忧，怀疑自己是不是真的能睡好，然后大概率就又重新陷入了失眠。

这里需要强调的是，没有人能够完成这种验证，这种验证本身就是入睡的焦虑情绪阻碍。我们为了验证自己克服了失眠而给自己制造心理压力，对睡眠提出过高的要求，躺在床上没有睡意就努力让自己放松，故意压制和克服阻碍入睡的焦虑情绪。这些做法让我们变得不正常，过多地关注睡眠，每次睡觉的时候都有一根弦在绷着，在监测自己的睡眠状况。在这种情况下，我们怎么能安心入睡呢？我们的大脑又如何不处于警觉状态呢？

当局者迷，深处失眠当中的人并不明白这个道理，只想着努力验证自己的睡眠是不是彻底恢复了。而越去关心越去验证，失眠就越严重，结果就一直陷在这个泥潭里不能自拔。随着紧绷的情绪和焦虑状态日积月累，各种身体症状就出现了，如头晕目眩、心动过速、消化不良、注意力不集中、头脑不清醒、身体盗汗……所以，失眠和因此产生的焦虑症状都来自自我培养。

上述说的各种情况，让失眠者的大脑在入睡时要么处于执行任务状态，要么保持警觉状态，要么处于克服焦虑情绪的思想斗争中，还要经历悲伤和沮丧的情绪，使大脑一直很觉醒、很兴奋，这也就不难解释我们为什么失眠了。大脑一直觉醒，身心一直紧绷，持续提心吊胆，心都没在肚子里，怎么可能睡好呢？

笔者身边就有一个鲜活的例子，笔者宿舍的一位同学有咽炎，晚上睡觉时总是发出清嗓子的声音。突然有一天，可能是由于身体透支、压力过大等原因，同宿舍的另一位同学被这种声音扰乱了入睡，导致一整晚没睡好。接下去的几天，这个没睡好的同学在入睡的时候就一直盯着有咽炎的同学，看他是不是还要发出清嗓子的声音干扰自己入睡。结果不出所料，这位失眠的同学越竖着耳朵去听这种声音，也就越容易听到。因为他总是在监测这个声音是不是影响自己入睡，所以更加重了对睡眠的刺激，让自己陷入了恐慌中。从此这个清嗓子的声音就成了他的一块心病，他觉得这个声音不除，自己的睡眠就好不了了，自此陷入循环，导致与舍友的关系急转直下，甚至为此大打出手。

这里还要特别指出，上述案例即使换到一个很好的睡眠环境中，没有了外界的干扰源，睡眠也不一定能够恢复正常，很可能会延续那种入睡时候的精神紧张和监测状态。对入睡过程过分关注会导致快要入睡的时候总有个“恶魔”跑出来，形成所谓的睡眠障碍。其实，这就是短暂性失眠在自己的错误行为和认知的培养下，逐渐发展为长期慢性失眠的过程。失眠的这份痛，只有亲身经历过的人才能懂。

失眠的森田疗法

失眠的森田解释：情绪的自我对抗

森田疗法源于日本，属于东方智慧，其创立者森田是治疗神经衰弱和强迫症等神经症的专家，他本人也曾深受神经症困扰。他在著作《神经衰弱和强迫观念的根治法》一书中提出了一种非常契合失眠人群的精神特质——疑病素质。

疑病素质，就是担心自己患病。这是人生存欲望和死亡恐惧的反映，存在于所有人心中。生的欲望表现在：不想生病，不想死，想长寿；想更好地活下去，不想被人轻视，想被人承认；想有知识，想学习，想成为伟人，想幸福；想向上发展。

失眠者出现失眠，一般都是生的欲望过强，总想达到完美的状态，反而容易陷入死的恐惧之中。此外，失眠的人喜欢自省，对自己躯体方面或精神方面的不快、异常或疾病等特别关心，由于担心而形成疑病，认为自己虚弱、异常、有病，并为此发愁。

在疑病素质概念的基础上，森田疗法将失眠、神经衰弱、强迫观念等神经症的病理解释为“精神拮抗作用”。何为精神拮抗作用？简单地说，便是当疑病素质（易感因素）的人由于某些原因（诱发因素）的刺激，注意到自己身上出现神经症（如心慌心悸、头晕头胀）以后，便本能地怀疑自己得了心脑血管疾病等重大疾病，特别害怕症状的发作，对这些症状变得更加敏感，使注意力进一步固着于症状。同时，患者会想方设法地克服这些症状，结果症状非但没有减弱，反而因为患者的过分关注而变本加厉，让自己陷入其中无法自拔。森田把这种心理状况用禅语表达为：求不可得，愈求则愈不得。

其实，上一节笔者详细描述的陷入失眠的维持因素，便是森田疗法讲到的“精神拮抗作用”。

关于失眠陷入原因的解释，英国著名心理学家、神经科医生克莱尔博士在她的作品《精神焦虑症的自救（病理分析卷）》一书中也分析过焦虑症或神经衰弱的病理。简单来说，便是由于某些刺激或者长期的压力，人们体内的肾上腺激素分泌过多，当达到了某个阈值，在肾上腺激素的作用下身体便出现了一些神经症状，这些症状包括心慌、心悸、头晕、胸闷、肠胃不适、手心出汗等。由于普通人没有经历过这样的症状，便会本能地变得非常恐惧。恐惧情绪会促进身体分泌更多的肾上腺激素，导致更多的躯体症状出现，进而让失眠者陷入“恐惧—肾上腺素分泌—躯体症状发作—更加恐惧”的恶性循环中。最后，作者根据这个循环，提出了“面对、接纳、飘然、等待”的八字方针，从而能够缓解焦虑状态和所谓的神经衰弱，感兴趣的朋友可以自行阅读。

综上所述，来自美国、日本、欧洲的精神心理学专家对失眠的分析都共同指向一个点，即都是由于我们自己错误对待失眠，过度关注、恐惧和挣扎，才使得症状不断延续下去，是自己将自己困在了巨大的牢笼之中。

失眠之所以被称为生理心理性失眠，就表示生理和心理均有原因。其实，失眠是我们的生活失去了平衡，身体受到压力或者刺激，出现一些紊乱后产生的表象和结果。你可以回想一下，在失眠当时或者之前的一段时间里，你是否出现了体力透支、忧心忡忡、精神紧张、缺乏运动等状态，再叠加某些精神刺激就很容易造成失眠了。

失眠以后，我们非但没有去解决那些引发失眠的客观生理因素，改变旧的思维模式和生活习惯，反而把失眠和入睡时的躯体症状当作一个新的压力，并继续用原来的担心、紧张、努力等方式对待它，盯着症状不放，这又怎么可能不陷入其中呢？

其实，我们都被失眠和症状骗了，因为它们的体验很糟糕、很难受，我们本能地把解决失眠这个表象当作首要任务，从而本末倒置、越陷越深。

失眠的森田方案：与情绪和解后的行为治疗

前面两节我们用了大量的篇幅分析了陷入失眠的真正原因，我们了解了其中原因后，再来解决这类失眠便不再困难。

森田疗法对神经症的解决方案可以总结为“顺其自然，为所当为”八个字，换句话说，森田疗法就是与情绪和解后的行为治疗。焦虑、强迫、失眠都属于神经症的范畴，失眠的解决方案就在这高度概括的八个字的范围内。这八个字看起来简单，具体如何落实到失眠场景下还需要一番更具体的解释。很多人无法把它具体应用到失眠场景中，总觉得顺其自然不会做、做不到，说森田疗法自己之前也用过但没什么用。下面我们就来了解一下这八个字具体作何解释。

◎ 顺其自然

顺其自然，指的是对失眠、对躯体症状、对你最关心的入睡强迫思维要顺其自然，不要盯着它们去研究怎么克服。心理生理性失眠是有生理基础的，面对生理症状，我们不要逼自己通过心理去克服，而只能顺其自然。

前面两节的分析非常明确，陷入失眠正是因为我们自己过分努力克服症状才陷入其中无法自拔的。所以，这里说的顺其自然就是针对这种努力而采取的应对措施。顺其自然，既是对生理层面客观规律的尊重，也是心理层面的最佳心态。

顺其自然，是对于那些让你痛苦的神经症状及情绪，通通采取承认和接纳的态度，不理会、不去管。这期间当然不可能很舒服，毕竟你已经陷入失眠焦虑状态之中。不理会、不去管，就是难受也不理会，勇敢地不去管，这才是顺其自然。

比如，你入睡的时候，不要一直盯着入睡障碍，也不要总是试图控制自己的情绪不要焦虑。这个是做不到的，正是一晚上都在努力解决这些问题才导致无法入睡的。不去解决症状，不去克服焦虑，不去努力放松，不理会、不去管，承认目前的状态躺着去睡，打破原来的错误状态和循环，大概率就容易睡着了。

顺其自然是对症状的一个基本态度，是告诉我们不要跟往常那样盯着情绪，而是要认识到情绪有自己的客观规律，与情绪和解，不陷入内耗。当我们开始面对、接纳和顺应，打破原来恶性循环的时候，躯体症状就会慢慢好起来。

这里需要强调的是，并不是像很多人想象的那样，只要心理上抱着顺其自然的态度，就能解决所有症状。我们还有很重要的一部分，那便是为所当为。

◎为所当为

如果说顺其自然是我们对症状的基本态度。那么，为所当为强调的就是我们的行为准则。准则是什么？就是要像正常人一样对待失眠，像正常人一样健康生活。正常人是什么生活？比如，每天不会躺床上特别多时间，白天精神饱满地投入生活，积极正向有输出，失眠了也不那么恐惧着急，认为短期内睡不好也没什么。

如果你白天萎靡、久坐、拖延、无所事事，对症状小心翼翼、思虑过度，这就不是一个正常状态。所以，为所当为就是把自己活成一个大胆的、勇敢的正常人。

为所当为，具体来说就是行为疗法。

关于为所当为的做法，笔者推荐美国学者研究的关于失眠的认知行为治疗（CBTI）[①]，针对的是失眠维持因素里的那些错误行为。CBTI 并不是某个人的胡乱总结和江湖骗术，而是有循证医学证据的，其中推荐的一线治疗方案就是行为疗法（睡眠限制疗法和刺激控制疗法），具体的做法笔者会在下一节进行详细阐述。

说来也巧，《失眠的认知行为治疗：逐次访谈指南》（以下简称《CBTI 指南》）[②]一书中也指出了入睡障碍的条件反射性觉醒和快睡着时的躯体紧张等具体表现，但仍旧强调行为疗法为一线疗法，这就是说不要总是盯着入睡障碍和强迫唤醒等症状，想着怎么去克服它们，而

---

① 失眠的认知行为治疗：英文全称 Cognitive-Behavioral Treatment of Insomnia，也译作失眠的认知行为疗法，简称 CBT-I 或 CBTI，本书简称 CBTI.

② ［美］帕星斯：《失眠的认知行为治疗：逐次访谈指南》，张斌译，人民卫生出版社，2012。

是要通过行为疗法的严格执行，缓解人们关心的症状并最终控制住，最后所谓的各种心理问题也都会迎刃而解。这与森田疗法是统一的，这样我们就把东西方的智慧融为一体了。

失眠的认知行为治疗（CBTI）

《失眠的认知行为治疗：逐次访谈指南》一书中指明了失眠的一线治疗方案，是可操作的具体做法。本节将重点讲述这种疗法。

正如广东省精神卫生中心主任贾福军老师在书中的序言中所说，急性失眠在临床上往往比较容易处理，但慢性失眠症常是临床上一个棘手问题，仅靠药物治疗，一是长期疗效不理想，二是患者的接受性较差，因此离不开非药物治疗。目前为止，在失眠症的非药物治疗方法中，认知行为治疗是最有循证医学证据的，也最具代表性。

上节我们说到，解决失眠的八字方针为“顺其自然，为所当为”，而且阐述了顺其自然的意思，并顺带阐述了一下为所当为。本节将根据《CBTI 指南》的推荐，详细介绍失眠的行为疗法，即为所当为到底应该为什么、怎么为。

行为疗法1：睡眠限制

失眠者都有一种自然的错误倾向，认为增加卧床时间可以有效增加入睡的概率。比如，晚上八九点就开始酝酿睡意，或者早上迟迟不肯起床，一直在床上寻找入睡的感觉。即使躺着不舒服，也不起床。

笔者长期失眠时最大的不良习惯就是早上不能按时起床，总是试图补觉。为什么呢？因为如果当晚睡得好，早上就想趁着睡得好的感觉，多补充一下之前缺失的睡眠。如果当晚睡得很差，早上临近起床的时候反而有点困意（一个是因为挣扎一晚确实累了，另外一个是临近起床的时候心态基本放松了，抱着休息休息的想法反而容易睡着了），就想多躺会儿补补觉。父母总跟笔者说要早起，笔者就责怪他们不懂失眠，不懂笔者补觉的那份渴望。白天抓住机会补觉，也是同样的心理动机。

而且正是多躺和努力补觉导致个体长时间处于紧张状态，加之精神上的挫败感和负面情绪的积累，使得晚上入睡更难，进而“挖空”人的精气神。

上述行为在《CBTI 指南》中统称失眠的补偿行为，正是因为这些行为才导致睡眠的碎片化和睡眠质量低下，并让失眠延续下去。睡眠限制就是针对这种错误行为而采取的行动。睡眠限制有很强的公式化、程序性和可操作性，具体做法如下：

失眠者需要先记录一周的睡眠情况，每天记录的重点内容为躺床时间、起床时间、睡着时间。根据记录的数据，我们可以计算出第一周的每日平均睡眠时长 T1，这个睡眠时长就是第二周每天的卧床总时间。比如，你通过睡眠日记计算出第一周每天实际睡着的平均时间为 6 个小时，那么第二周每天的卧床时间就定为 6 个小时，作息时间要相应更改，如改为晚上 11 点睡、早上 5 点起。

坚持这样的作息，并继续记录睡眠日记。继续坚持一周后，我们通过睡眠日记又能够得到第二周的每日平均睡眠时长 T2。这时我们就可以计算睡眠效率了。睡眠效率计算公式为 $(T2/T1)\times100\%$。比如，第二周每天平均睡眠时长为 T2=5.5 小时，第一周平均睡眠时长（也是第二周的卧床时间）为 T1=6 小时，那么本周的睡眠效率为 91.7%。

根据睡眠效率，我们需要对照以下三个条件进行卧床时间的微调：

（1）如果睡眠效率低于 85%，就继续减少 15 分钟的卧床时间，然后继续坚持一周。

（2）如果睡眠效率在 85% ~ 90%，就保持卧床时间不变，然后继续坚持一周。

（3）如果睡眠效率高于 90%，则可以增加 15 分钟的卧床时间，然后继续坚持一周。

一周之后再计算睡眠效率，然后继续按规则调整卧床时间和作息方案。一般来说，经过 8 周的训练，睡眠效率可以维持较高的水平。

睡眠限制的原理是通过增加日间清醒时间和压缩在床时间，增强夜晚入睡时的睡眠驱动力。简单来说，就是让你足够困，当睡眠需求压力达到一定程度，你即使焦虑、警觉，也容易睡着。这么做可以保证在失眠期间，虽然睡眠时间不长，但是白天精神状态还可以。

除此以外，睡眠限制还有另一个重大意义就是让失眠者明白，睡眠是有内稳态的，睡眠是人的本能，本能是不会丢的（较严重的生理疾病除外）。就像森田说过的，只听说有饿死的、渴死的，从没听说过有困死的。人们在入睡时不需要那么“努力”逼自己，这也是除了行为疗法以外，失眠者在睡眠限制方面获得的巨大心理支持。

失眠疗法需要持续 5 ～ 8 周，不是一两天或者一两周就能立马恢复睡眠的。能够把时间延长，保持一定的耐心，也是对入睡比较有利的心理因素。

但睡眠限制也有一些让人诟病的缺点。比如，根据计算结果，睡眠限制会要求失眠者的总体卧床睡眠时间骤然减少，这使得人们难以耐受。同时，睡眠限制还会让很自然的睡眠过程变得非常机械和刻意，令人十分不快。所以，我们在相同原理下，提出了一种更加温和的方案——睡眠压缩。

行为疗法2：睡眠压缩疗法

睡眠压缩与睡眠限制的形式非常相似，但睡眠压缩不是立刻减少卧床时间，而是通过分步骤逐渐缩短卧床时间来实现限制目的。

按照《CBTI 指南》，睡眠压缩可以这样操作：

失眠者记录一周的睡眠日记后，能够得到每日的卧床时间和睡着时长。我们用卧床时间减去睡眠时长，再除以 5，得到一个数值 H。在未来的 5 周时间内，每周的卧床时间减少一个 H。

比如，你通过记录（或回忆）并分析一周的睡眠日记后得出，平均下来每日卧床的时长为 9 小时，实际睡着的时长为 5 小时，那么 9 减去 5 得 4，再用 4 除以 5 得到 0.8，那么我们的 H 值为 0.8 小时（即 48 分钟），那么接下去的 5 周里，每周都把卧床时长减少 50 分钟，可以通过推迟上床或者提前起床来实现。

注意，若在 5 周期满之前就已经达到 85% 以上的睡眠效率，就不需要继续压缩了。这样的睡眠压缩可以被看作睡眠限制疗法的一种“更亲切和更温柔”的形式。

如果你感觉上述做法还是比较复杂，那你可以直接坚持一个压缩过后的规律作息，如晚上 10：30 躺下、早上 5：30 起床，北京大学第六医院睡眠专家孙伟就曾公开推荐这个作息，没有很复杂的公式化做法，简单易行，规律健康。

你的顾虑

很多人不这么做，主要是担心它的效果，或者认为这个做法反直觉。按照失眠者的直觉：我睡不着，应该多躺才可以多睡，我本来就睡得少，如果再压缩卧床时间，岂不是睡得更少了？因此，顾虑重重而迟迟不敢去做。

但我想说，如果你只是盯着如何解决入睡困难的症状，至今也没找到出路，不妨坚持试一下。这里我也不讲什么原理和道理，你只需要知道它是有循证医学证据的科学疗法就可以了，并不是我总结的个人经验。

坚持睡眠压缩后的头几天可能会因为早起、顾虑疗法的效果等原因，心理上有压力，但如果敢于执行，很快就能感觉到变化。根据笔者的个人体验和大量来访者的实践，当你有了这种不管睡多少时间都按时起床、精神抖擞地去生活的勇气，入睡自然就加快了，失眠症状也不会非常严重了。

行为疗法3：刺激控制疗法

我们都知道，睡眠限制针对的是逼自己努力睡就能睡得着的错误直觉，即通过增加卧床时间来提高入睡的可能。

一旦出现失眠，这个错误直觉会驱使人们在床上不断平复躯体紧张，酝酿睡意，不断努力入睡。如果每次失眠都要这样努力一晚，可想而知，你非但没能睡着，还把自己搞得很累，从而导致白天产生一系列不适感。

读到这里你就可以窥见，失眠后的疲惫和不适究竟来源于什么。对，正是因为你一晚上都在特别努力地逼自己入睡，才造成了白天萎靡疲惫、出现黑眼圈、脸色差、皮肤不好、头晕脑涨等状态。因为你把力气都用在了使劲“伺候”失眠上，实际上少睡一点并不难受，努力入睡之后的求而不得才令人痛苦。

所以，刺激控制应运而生，《CBTI 指南》的刺激控制标准做法是这样的：

晚上等困了再上床睡觉。入睡时如果 15 分钟还没睡着就起床离开卧室，等有睡意了再回去睡。如果过了 15 分钟还是睡不着就再起来继续等待。一晚上可以不断重

复这个过程。然后，早上在一个固定的时间起床。

需要注意的是，这里的15分钟是一个大体的感觉，不必太过刻意。只要你躺着一直没什么入睡的感觉，或者感觉非常不适，就可以起来。

行为疗法4：不管症状，等待入睡

在了解了上述两个做法之后，仍然有很多朋友在追问：躺下以后怎么办？怎么处理焦虑情绪和躯体症状？其实，做好上述两个行为疗法以后，入睡的症状会自然缓解。当然，为了更加高效地解决入睡困难的问题，躺下以后还有一些细节需要注意。入睡时的状态应该是“不管症状，等待入睡”，也就是“顺其自然，为所当为”在入睡场景下的具体解释。

躺下入睡时我们不要研究如何放松躯体紧张、控制强迫思维，也不要一旦闭上眼睛就使劲研究如何快速入睡，这些问题我们都不要去管。不试图入睡、不为入睡做任何努力，而是应该像在海上冲浪时等海浪过来一样，踏实躺着等待睡眠自己发生。这是《CBTI指南》中睡眠卫生教育部分讲到的。

不要再抱怨入睡时的情绪和各种躯体症状了，我知道你很苦恼，我也非常理解你，但只要医生诊断你没有其他重大疾病，只是精神焦虑带来的入睡困难，你就要勇敢地不去管它们，包括你最讨厌的入睡强迫思维。这些笔者都感同身受。

当你不去管如何入睡、如何控制症状，敢于等待的时候，你的脑海自然会浮现出日常生活中的其他画面，慢慢就可以自然睡去。当然，这个过程中你可能还会有焦虑发作，可能还会控制不住想努力入睡，这是正常的，这时候我们继续回归到“不管症状，等待入睡”的状态就可以了。

这样做的目的，一是避免努力入睡这个行为本身导致躯体紧张，二是增加自主入睡的机会，三是避免陷入与情绪的内耗中。

如果等待入睡的过程中实在躺不住、状态全无，则可以按照刺激控制的标准做法，起床离开卧室，等有困意了重新再睡。起床等待或者卧床等待，即使一晚上都没有睡着，第二天的感受也会比挣扎入睡好很多，并且这样做没有任何阻碍入睡的行为，你会很容易不知不觉进入睡眠状态。

你的顾虑

你应该是不敢不努力、不敢等待，主要原因是顾虑这个反直觉的做法。按照失眠者的直觉：我本来就睡得少，如果再醒过来或者起床等待，岂不是睡得更少了？因为顾虑重重而迟迟不敢去做。

同样地，这里不讲原理和道理，你只需要知道它是有循证医学证据的疗法就好了，并不是笔者总结的个人经验。

刺激控制或者等待睡眠自然发生，刚开始可能会比较困难。大家都会有顾虑：不努力入睡，只是等待睡眠，或者起床等睡眠，会不会让自己更加精神，导致睡得更差了。如果先尝试一下，如果感觉到不努力就不那么难受，或者不努力就能睡着，你就会越来越有信心了。

按照笔者的个人体验和大量来访者的实践，当你有了这种睡不了就起来等待的勇气，不那么急于睡着，很多人的入睡自然就加快了，症状也没有那么严重了。

行为疗法5：回归健康生活

失眠以后我们感觉身体不适，总是试图通过多睡让自己舒服起来，总认为睡好了以后才可以回归正常生活。事实上，真正让人难受的是时刻解决问题的紧张状态、是逼迫自己努力入睡的状态、是精神焦虑状态、是长期不运动的不健康生活状态，并不只是因为少睡的那几个小时。

所以，不要研究情绪和症状本身，避免内耗，回归健康的生活节奏，保持健康的生活习惯是至关重要的，甚至这才是失眠治愈的决定性因素，也是正常人远离失眠的不二法门，还是“为所当为”的重要组成部分。

◎积极又充实的生活节奏

许多人出现失眠以后，对任何事情都失去了兴趣，平生只剩下一个目标：研究如何克服失眠。结果可想而知，一直陷入其中而无法自拔。不管是CBTI还是森田疗法，都被他用来验证如何解决身上的症状，结果就是一直关注症状，导致方法失效，信心不断受挫。

我们真正要做的是像正常人一样充实起来，努力找到一件自己认为有意义的事情并坚持下去。把心思都放在工作上，自然就不那么关注失眠，就更容易从失眠中摆脱出来。

虽然你身体可能不适，焦虑也会一直驱使你继续想着如何缓解症状，让你不敢不关心症状，但我们既然要自救，就要忍耐不适，全身心投入工作生活中去，尽量爱你的工作、爱你的家人、爱你的爱好。你怎样对待生活，生活就怎样回馈你。你正常回归生活，你的睡眠自然也会正常。你微笑面对生活，生活也会还你以微笑。

◎ 保持有规律的锻炼

运动的重要性向来是没有什么争议的，尤其对于长期不怎么运动的失眠人群。这里笔者推荐早上起床以后进行有氧运动（快走、慢跑或者走跑结合）40 分钟以上。失眠之后的躯体不适常常给人一种撑不住的错觉，其实身体的不适主要还是因为陷入了焦虑状态。规律的有氧运动，可以有效缓解并解决这种焦虑状态和各类神经症。

◎ 确保睡眠环境的舒适

舒适、安静的睡眠环境是好睡眠的基础。要确保睡眠时不受声音和光线的干扰，同时确保卧室温度适宜，过冷或过热可能会影响睡眠。

◎合理健康的饮食

饮食要规律，而且保持健康平衡。不要空腹上床，也不要睡前吃得太饱或者大量饮水。减少咖啡、茶的摄入，避免吸烟和饮酒。同时，注意甄别还有哪些影响你睡眠的物质摄入，并杜绝它们。不要随意使用药物，以免形成依赖。

◎不要带着问题上床

尽量提前解决自己的顾虑或制订未来的计划，做到心中有数。可以把问题提前写下来并梳理好，等早上起来再解决，不在床上过度思虑。

◎睡前不要做剧烈运动

不接触让情绪剧烈波动的刺激源，如吵架、剧烈跑步或者看恐怖片。

◎规律作息

尽量不要熬夜，不可关灯后使用电子产品。

大胆回归生活吧！让失眠淡出你的视野，不必害怕再次失眠怎么办。即使再次遭遇失眠，再来读一读这本书就好了，按照原则去做，失眠必能再次被克服。记住，失眠是可控的，不必总是惦记着。

认知疗法：用事实消灭情绪

《CBTI 指南》把认知疗法当作二线干预疗法，其目的主要是为失眠者排解顾虑，帮助他们合理地看待被自己无限夸大的失眠带来的负面结果。说白了，就是要通过回忆和数据分析证明失眠并没有患者本人想象的那么严重。

比如，失眠的人经常担心因为睡眠不足，会导致自己考试失败、丢掉工作，或者发生车祸，或者因为失眠导致抑郁症、心脑血管疾病、免疫力下降从而患癌症等重大健康问题。

咨询师就是要帮助失眠的人分析这些后果的真实概率。比如，一个人慢性失眠两年，这期间认为自己很大可能会因为工作失误而被开除，那么咨询师可以帮他分析两年一共 700 多天的日子里，他只出现了两次小小的失误。通过计算可知，因为失眠而出现失误的概率是非常小的。何况，在不失眠的情况下人们也会出现失误，从而改变失眠者的认知，间接地让他们入睡时不再那么恐惧和着急，更好地“顺其自然”。

你也可以静下心来仔细想想，失眠以后你想象的那些不可挽回的后果，是否真的发生了，如果没有发生，你也不必那么忧心忡忡了。

不得不承认，认知疗法是很有用的，但作为一个曾经的失眠人士，笔者深切地感觉到这种认知纠正是远远不够的，因为它没有全面理解失眠的人心中所想所思。虽然根据以往的数据统计，尚未发生什么严重后果，但不能保证未来就一定不发生。失眠以后，患者的确出现了许多身体不适，如心慌、心悸、高血压、眼胀、视物模糊、耳鸣、肠胃功能紊乱、频繁感冒、性功能低下、荨麻疹和皮肤病等一系列心脑血管和免疫系统疾病，这些实实在在的感受怎能让人心安？

此外，即使患者明白了神经症的发病机理，认可了失眠对身体无任何伤害，也仍旧会担心入睡时候会有强迫思维涌入脑海，非常担心条件反射性觉醒和躯体症状发作，让入睡体验变得非常糟糕。对条件性觉醒的解释分析和指导建议，对于失眠人士来说至关重要。所以，这里必须补充的认知是，对于条件性觉醒和入睡联阻，正如前面两个小节讲的，应采取“顺其自然”的态度，靠“为所当为”解决。需要强调的是，条件性觉醒和入睡强迫思维，并不能仅用认知疗法来解决，还是要依靠森田疗法和一线行为疗法，切不可陷入仅用认知纠正来控制症状的错误怪圈中。

还有一些人对睡眠本身存在错误认知，比如，有人认为每天要睡够 8 小时，睡不够 8 小时的话身体一定会出问题；还有人听说在晚上某个时间段身体的一些脏器要进行排毒，所以就必须在那个时间睡着才能保证健康；还有一些人认为失眠等同于熬夜，后果相当严重，失眠需要长期服药等。这类疑虑可以通过有理有据的科普加以纠正，这些科普我会尽量在公众号“失眠自救计划”上进行解答，这里就不做过多讨论了。

放松训练：生理层面化解情绪

陷入失眠焦虑状态的人，坚持放松训练，必将有所收获：应激反应减少，越来越能够快速自如地进入放松状态，睡眠深度增加；焦虑、愤怒、恐惧及其他与负面情绪相关的症状减轻，白天的情绪得到改善；对压力的管理能力变强等。

放松训练属于CBTI的二线辅助疗法，通常可以使用渐进式肌肉放松法和腹式呼吸法。在这里，笔者将引入美国心理医生结合中国传统经络理论基础上提出的情绪释放疗法（敲击训练），供大家参考使用。

◎渐进式肌肉放松法

渐进式肌肉放松的目的是放松全身肌肉。

具体的做法：以舒服的姿势坐在椅子上，或躺在床上、地上，闭上眼睛，但要保持意识清醒。然后将注意力放在脚趾和脚上，感觉到一波放松感从双脚蔓延开来。也许会感到温暖、酥麻或沉重，你可以在脑海中勾勒出脚部放松感扩散开来的景象。

然后，你可以感觉或者想象出放松感越过小腿，上升至大腿，同时享受一下腿部放松的滋味。现在，放松感延伸到了腹部、胸部、背部，你的上身越来越放松。

接下来，放松感冲向了你的双手，你可能会有一种温暖、酥麻或沉重的感觉，也可能会感觉你的双手与身体、椅子或床紧紧相连。

感觉或想象放松感延伸到前臂、上臂、肩膀，同时花点时间专心体会放松的感觉。然后，放松感传到颈部、下巴、脸颊、眼睛和前额。最终整个人都放松、平静下来，并享受着平静和放松。此时，如果发现注意力游离了没有关系，只要拉回来即可。

这样的放松过程你可以自行重复多次。

◎腹式呼吸法

腹式呼吸的目的是帮我们找到放松的呼吸方式。放松状态下或睡觉时，我们会用腹部呼吸，这样可以有效地呼出二氧化碳，吸入氧气，让身体放松。在压力状态下，我们常常是靠胸部呼吸，呼吸短且浅，或者经常屏住呼吸。这种情况下，我们没能有效地吸入氧气，呼出二氧化碳，因此会给身体造成压力，导致废弃物滞留在血液中，让我们更加焦虑。

具体的做法：平躺，一只手放在腹部，另一只手放在胸部。你不用努力地放缓或加深呼吸，只需专注于腹部呼吸。腹部呼吸时，只有放在腹部上的手会随着一上一下移动，你的呼吸会自然而然地放缓和加深。

当你知道自己是在用腹部呼吸时，你可以将注意力从日常思绪中脱离出来，去关注呼吸，将注意力集中在呼吸上面。不要刻意调整呼吸，只需清楚地知道，吸气的时候在吸气，呼气的时候在呼气，并感受呼吸之间的停顿。当你发现注意力转移了，再轻轻地将注意力拉回来继续关注呼吸即可。即使走神了，也不用自责，这是正常的。然后一直重复这个过程。

现在，你越来越习惯于腹部呼吸，而且呼吸节奏越来越强。每次吸气时，可以默念“吸”字；每次呼气时，可以默念“呼”字。这些字眼是你注意的焦点，可帮助你摆脱日常杂念，集中意念。同时，关注和享受呼吸之间的暂停。最后，按你自己的节奏，做个缓慢的深呼吸，慢慢睁开双眼。

◎情绪释放疗法（敲击训练）

人类面对突发事件时会激发出恐惧的本能，这种本能在人类社会早期具有重要意义，以便随时战斗或逃跑。这种恐惧的应激反应发生在大脑的杏仁核中。当有负面刺激产生，杏仁核就会发出警报，从而产生一系列情绪并做出相应躯体反应。处于失眠和焦虑状态的人，长期陷于情绪和躯体反应的泥潭。

情绪释放疗法是将西方前沿心理学与东方文化精髓

融会贯通的美国心理医生尼克·奥特纳（Nick Ortner）提出来的，该疗法已被用来疗愈因卢旺达种族屠杀、印尼海啸、地区战乱等各种灾难导致的病痛、焦虑、抑郁、强迫、恐惧、疑病等身心痛苦，累计有上千万人获益。

情绪释放疗法的具体做法是：敲击经络的穴位（听起来似乎有些玄乎，但后来这个疗法被证明是有微观生化理论基础的），切断杏仁核发出警报的通路，使身体镇定下来，阻断应激反应，并将恐惧环境转变为安全环境。同时，该疗法能让负责学习和记忆的海马体重新编码，重塑边缘系统，让那些控制不住发作的恐惧情绪和症状不再产生，建立正确的、安全的通路。因此，我们就不会陷入应激反应的自我内耗了。

另外，对穴位的指压疗法能提高身体的内啡肽水平。内啡肽是一种让我们感觉舒适的神经递质，能够帮助消除原有的恐惧、打破原来的条件反射，使神经传递建立新的秩序。

为了更加方便操作，笔者将情绪释放疗法总结出一个简易版本，具体分为以下几个步骤：

（1）将一只手除拇指以外的四个手指握起来，然后敲击另一只手的手刀点（具体位置见第60页图1），同时内心默念“周围一切都是安全的”（或者默念“接纳自己当下的一切”，也可以默念“不去管所有症状”）。敲击的指法只要有力度且顺手就可以，没有非常严格的限制。

（2）按同样握起来的指法依次敲击身体的8个部位，分别是：眉头内侧、外侧、双眼下方、鼻子下方、下巴、锁骨、腋下、头顶，同时内心可以默念上述同样的内容。

（3）敲击每个部位时，重复默念的内容3～5次，然后敲击下一个部位。依次将8个部位敲击一遍后，做深呼吸。

（4）重复下去，做5轮，做10轮。

需要注意的是，如果你感觉这样的过程太刻意，你可以根据自己的感受自行敲击上述部位，不限时间和顺序，只要做就比不做有意义。

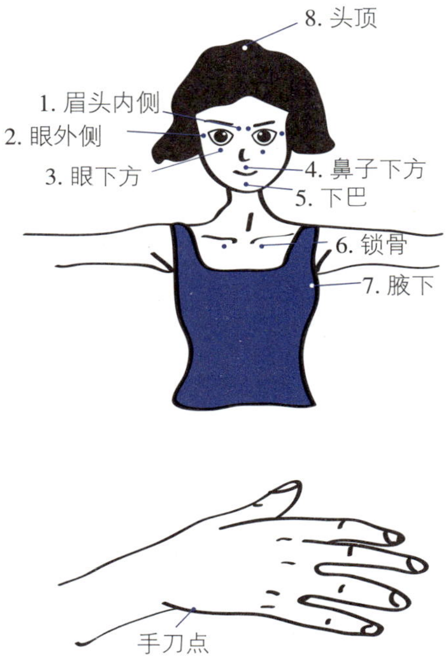

图 1

◎注意事项

坚持以上放松训练，对慢性失眠和有焦虑症状的人有诸多好处。但需要注意以下几方面：

A. 失眠的人可以从以上三个训练中找到自己喜欢的、个人体验不错的方法进行坚持，每天练习 30 分钟左右即可，时间可以安排在中午或者晚上临睡前。训练过程中不必拘泥于形式，以个人的放松体验为准。

B. 放松疗法属于二线辅助疗法，要在本章推荐的一线行为疗法（见第 39 ~ 52 页）的前提下进行。如果单独采用放松疗法，试图通过放松训练这种单一方式帮助睡眠，效果肯定是不确定、不理想的。这也是很多人反馈放松训练没有效果的重要原因。

C. 练习放松疗法时，目的性不要太强，不要一边做放松训练，一边思考怎么靠它引导入睡，只需要放松下来做一下训练就可以。同时，放松训练的过程中，我们要保持意识清醒，不要一闭上眼睛，就试图入睡！

CHAPTER

3

与情绪更好地和解，让疗法更好落地

森田疗法和CBTI：东西合璧

森田疗法，属于认知行为疗法（CBT）。在第二章，我们把森田疗法和失眠的认知行为治疗（CBTI）融合到一起。它们是相通的，精通其中任何一种疗法，就能把失眠解决得很好。但它们又略有不同，各有所长、各有魅力，值得我们再品评一番。

通过第二章我们知道，CBTI 强调的是两种行为疗法，即睡眠限制和刺激控制。森田疗法强调“顺其自然、为所当为”，即不管症状，对症状采取顺其自然的态度，让自己从原来一心解决和控制症状的状态中抽离出来，然后做该做的事情。可以看出，这两种疗法都在强调行为、强调去做。

在认知疗法方面，CBTI 给出的认知疗法仅限于帮助人们明白失眠不会有特别严重的后果，没有强调入睡时的强迫唤醒该如何对待，缺少对入睡条件性觉醒的解释，只是说做好行为治疗，失眠就能康复，使得患者顾虑重重，依从性差。

CBTI 不给失眠者讲解过多的入睡强迫唤醒或者条件性觉醒，目的是让患者不过多地思考这个症状，不因为过度专注而深陷其中，其实就是不理会的意思。但聪明且疑虑重重的失眠者容易盯上自己的这些症状，他们的疑虑得不到安抚，自然就会有所怀疑。因此，很多人认为 CBTI 是治疗常规失眠罢了，不能治好自己的“顽固性睡眠障碍”，于是浅尝辄止，难以坚持下去。

森田疗法则有所不同，森田给我们详细解释了疑病素质和精神交互作用机理，让人感觉被理解，引发人们的共鸣，因而相信他，更愿意跟随他的方法去做。但森田疗法是针对神经症的，失眠只是神经症的一种，所以在失眠方面，森田疗法相对而言缺乏更加具体化的行为方案，仅强调“顺其自然，为所当为”显得过于概括。

因此，把森田疗法与有循证医学证据的 CBTI 行为治疗方案融合起来，就产生了一个非常完美的方案。这个方案正是我们第二章所讲述的。

为什么你总是感觉无效？

我们上一节说到，由于森田疗法和 CBTI 各有一些小的“瑕疵”，导致部分人认为这些疗法没什么效果。他们会想，这么著名的疗法对我都不管用，进而会误判自己的失眠非常严重，然后把自己封闭起来，不再轻易相信自己的失眠能解决。

为什么他们会觉得无效呢？自学自救本就困难，就像高中生通过闭门自学考上“985”的难度一样。再加上方法本身存在一些缺陷，失眠自救者需要走很多弯路，付出相对比较大的代价才可以领悟。在此期间会面临不断失败，所以很容易半途而废，进而宣告方法无效。

需要再次强调的是，任何真理都有其适用范围，有的人失眠情况已经超出了生理心理性失眠的范畴，比如伴随较为严重的焦虑 / 抑郁躯体障碍、物质依赖、新冠病毒感染后遗症等情况，这时单纯使用认知行为治疗自然效果不佳。

有的人虽然没有超出适用范围，效果依然不佳，通常有以下原因：

◎方法掌握不完整，理解不到位

对森田疗法来说，失眠者常常犯的错误是疗法只进行一半。患者刚开始接触森田疗法时，由于感觉得到了理解，症状很快便缓解了许多，但后续为了完全克服症状，他就拿顺其自然当“武器”，观察症状是否被顺其自然完全控制住了，或者观察这种方法能不能把症状完全压制住。他就一直盯着症状、关注症状，结果症状就会一直存在。

顺其自然其实只是一种态度，不是疗法的全部，但失眠者却总是试图单用顺其自然的心态去克服所有的症状。一旦达不到自己想要的效果，就说森田疗法无效，或者抱怨做不到顺其自然。这就是典型的对疗法理解不到位。

要知道，神经症或失眠是由于很多错误行为造成的，所以行为治疗很重要，要让日常生活作息、入睡状态、运动、社交等都回归正常。只有改良神经症产生的病态土壤，才可以让神经症真正痊愈。

所以说，森田疗法不是你听了那八个字，心里想一想立马就痊愈了。冰冻三尺，非一日之寒，解决神经症也不是一朝一夕的事情。我们必须把行为疗法落实好，才可以最终走出失眠的泥潭。

再比如CBTI，它是一套组合方案，推荐的一线疗法是睡眠限制和刺激控制，每一个疗法都有严格的应用步骤。可有的失眠者虽然按照刺激控制的做法做了，睡不着就起来，但起来一次再重新去睡，发现还是睡不着，加上本来就比较怀疑这种疗法，就判定疗法无效。还有部分失眠者不敢执行反直觉的行为疗法，只是做放松训练，结果还是睡不着，进而也判定CBTI无效。上述所用的这些疗法都不是全面的CBTI，而是片面的或者走样的。只拿其中的一小部分来尝试，就说它无效，是不严谨的。同时，CBTI本身确实没有给我们解决好心理顾虑的问题，没有帮我们做好情绪管理，这是它本身的一个小缺陷。

◎过度关注症状

失眠不但表现出睡不着，还伴随焦虑症或强迫症等神经症，因为大家对症状不了解，觉得这些症状很可怕，甚至觉得有症状就一定睡不好觉，然后就会把症状当成一件天大的事情，进而不断强化它们。

失眠者学习了各种疗法后，容易先关注如何完全克服躯体症状，毕竟症状是他们最关心的点。其实，这样就做错了，因为疗法强调的是不要去管症状。

毕竟症状还存在，以致患者非常不确定自己到底是否适合这样的自救方法。身体在试图自救，心却总是在怀疑，不敢大胆尝试，而且还不断抱怨别人都不懂自己。他们会担心如果不管这些症状，症状变得更严重怎么办，所以他们不敢顺其自然、不敢不理会各种症状。

要记住，症状其实只是表象，我们千万不要被这种表象给骗了！

◎坚持不到位

你是否浅尝辄止？可能没有人明确地告诉你，是否适合这样的疗法，或者你本身就很怀疑这些疗法的效果，只是随便尝试一下，就简单宣告疗法无效。CBTI 其实是 8 周的训练，然后你根据自己的理解压缩成了 2 天，2 天下来没见效就干脆放弃了。即使融合森田疗法改进后的方案不需要 8 周，但也绝不是 2 天就可以的。

方向正确，然后重复坚持，才可以脱离困境。虽然某些行为、做法违背自己的主观直觉，让人本能地心生抵触，但你如果没有其他根治法，不妨放下戒备，尝试一下。

失眠的两大情绪障碍：恐惧与着急

失眠后经过反复努力而不能解决，失眠者便会产生一系列负面情绪，主要表现为恐惧、着急两大障碍。学会处理着急、恐惧这两个情绪障碍，是解决失眠问题的重中之重。

恐惧及其和解方法

失眠的人到底在害怕什么？

（1）害怕心慌、心悸、胸闷气短、头胀、头晕、耳鸣、眼胀、消化不良等躯体症状。除去症状本身的不适以外，失眠的人会不由自主地担心症状是某些重疾的前兆，如抑郁症、癌症或猝死，觉得如果不尽快解决，后果就会很严重。

（2）害怕在入睡时强迫唤醒自己。在马上要睡着的时候强迫思维涌入脑海，条件反射性觉醒，导致心慌和躯体紧张，然后睡意全无。笔者认为强迫唤醒才是慢性失眠的人最主要、最应关心的症状，很多人说陷入失眠其实是恐惧失眠，那人们究竟恐惧什么呢？其实就是恐惧强迫唤醒。

(3) 害怕白天的状态。包括担心学习/工作效率低下、担心考试失利、担心别人看到自己憔悴的状态、担心人生理想无法实现等。

通常失眠者的恐惧还会泛化，比如，会顾虑如果按照疗法认真去做了仍然无效怎么办，那样的话自己就更加崩溃了。比如，医生给开了西药，他不敢全量吃，总觉得这样就还有后路。

关于恐惧，笔者要给失眠的人做一个相应的科普，或者通过事实分析让失眠的人明白：失眠没有想象的那么大的危害，也没有多么严重的后果。除此以外，更重要的是让失眠的人在入睡过程中不再痛苦，因为入睡过程中的难受体验会让人对失眠产生恐惧。入睡过程的糟糕体验是由于人们过分逼自己努力入睡造成的，抑或努力排斥和提防症状发作造成的。

"不管症状，等待入睡"的做法和刺激控制疗法都是在缓解入睡过程中的痛苦体验，进而缓解失眠恐惧。因为努力入睡和克服症状令人痛苦，所以，干脆不去研究症状，踏实等待睡眠，实在睡不着虽然会造成身体不适，但刺激控制疗法告诉我们不要逼自己放松。而是要先起来，等困了再去睡，这样做你很快会发现入睡过程不难受了，失眠不是一个多么难受的体验了，也不是一件很可怕的事情了。如果你在等待和起床的重复过程中，不知不觉睡着了，恐惧感会大大降低。

还有一个小技巧可应付失眠当晚的恐惧，那就是矛盾意向法——故意保持清醒不睡，有困意也强迫自己不睡，只求躺一晚。当失眠的人发现这样能不知不觉睡着时，恐惧情绪就会大大降低。有些人被失眠逼得没办法，就自己冒出了这个矛盾意向。在笔者的记忆中，白岩松曾经谈到过自己的失眠，他说人到了绝处（失眠最严重的时候）就会产生希望。

这样的矛盾意向法，其实在《睡眠医学》中曾提到，但不是一线治疗方式。这个做法，虽不一定能根治失眠，但可以大幅降低人们对入睡困难的恐惧。

着急及其和解方法

白天急着彻底恢复，晚上急着赶紧入睡，是失眠人的典型状态。

人一旦失眠，就感觉什么都不会了，只剩下慌乱和着急，特别想赶快回到以前不失眠的日子。我们小时候遇到不愉快的事，在家长面前哭闹一下会很管用，但是失眠障碍却不会因为你的挣扎而减弱半分。

不要说给自己留出一两个月的时间去慢慢恢复，失眠的人连一两周的时间都不会给自己，一门心思地就要在一两天内把失眠控制住。你可知道，诱发失眠的因素本就不那么简单，很可能身体和生活早已失衡，或者精神上受到了较大刺激，所以发生失眠后不可能一夜恢复。即使你找到了很好的医生、吃了很好的药物、找到了很好的心理治疗方法，也需要一段时间才可以恢复。

越求快其实越慢，越不怕慢反而恢复得越快。

当然很可能是没人给他吃“定心丸”，没人告诉他一两个月一定可以治好。因为看不到希望，所以就不敢等。人们为什么不怕骨折，而害怕失眠，就是这个道理。没有经验，没有参考，没有信心。

如果你目前也非常着急想要恢复睡眠，非常害怕失眠的后果，那笔者希望你明白，这些情绪是每一个陷入失眠的人都会有的，是大家都要经历的，我们要做的是尽量不那么害怕、不要过于着急。失眠有它的形成规律和康复规律，我们按照它的规律，使用第二章讲到的疗法，慢慢坚持下去，就一定可以走出失眠困境。

这里需要强调的是，你不要因为想更好地恢复睡眠，就要求自己不能害怕、不能着急，这也是做不到的。这期间你会时常出现负面情绪，但只要不那么剧烈，就尽量不去理会，承认自己现在的疾病状态，带着各种情绪和不适继续坚持行为疗法就可以了。

当我们按照“To Do List”（见随书赠送的小册子）执行起来，等实际的效果显现出来，自然也会反过来缓解我们的负面情绪。

不必怕：一次“感冒”而已

众所周知，如果一个人得了流感，虽然病程需要一两个星期，但是从来不会担心能不能恢复的问题。因为感冒等疾病已司空见惯，大家都习以为常。如果失眠的人陷入焦虑，且不说陷入很严重的焦虑症，仅仅是焦虑状态，人们连一周都等不了。他们尽其所能却看不到任何效果时，就会怀疑自己不可救药了，担心和恐惧自己究竟是怎么了。

我们都知道，流感的症状包括发热、咳嗽、流鼻涕等，通过药物治疗和自身免疫力调节，这些症状最终可以痊愈，但凡生理疾病都是这样的治疗过程。心理生理性失眠作为疾病的一种，也应当如此。但是，它与流感的不同之处，或者说奇怪之处在于，除了身体能够感受到的躯体症状以外，失眠还会产生许多负面情绪和想法。

正是这些情绪和想法让人误以为能够自我控制，进而陷入其中而无法自拔。

在专业人士看来，这些想法其实仅仅是焦虑的“症状”，是荒诞、不切实际、没有逻辑的。对焦虑者本人来说，由于想法是自己大脑里产生的，他们就误认为这些想法是真实的、客观的、受自己控制的。焦虑者从主观上不断压制那些负面情绪和想法，结果不尽如人意，从而陷入情绪的泥潭。因为焦虑状态下的想法就像是咳嗽症状，不受主观控制。非但不受控制，反而会因为你的过度控制变得更加焦虑，进而陷入恶性循环。初次陷入焦虑的人哪知道这一点，只知道奋起抵抗、自我消耗罢了。

焦虑的人一旦明白了这个特点——自己的想法也只是症状本身罢了，就可以做到旁观自己的情绪和想法。当这些负面情绪再次出现的时候，就可以试着跳出来（虽然刚开始很难），告诉自己这些都是想法而已，并不是客观事实。不用管它，尽量回归正常生活中，做好当下的事。至于什么时候恢复，不是主观能控制的。

当你不再为情绪惴惴不安，把眼下的负面情绪当作一般症状，转机就会出现，走出困境指日可待。

如果你的躯体症状很多且很严重，抗焦虑药是可以帮助加速恢复的。即使用药以后，我们在心态上依旧要把负面情绪合理化、把焦虑症当作普通疾病，只要等闲视之，等待药物治疗后身体自然恢复，这样我们便不再深陷焦虑泥潭。

不要急：制定一个小目标

陷入着急恐惧的失眠者很难接受“积少成多”“集腋成裘”的道理。俗话说得好：病来如山倒，病去如抽丝。恐惧和着急只会阻碍睡眠及整体恢复。着急入睡，正是阻碍睡眠发生的原因，也是导致失眠延续下去的重要原因。

我们前边说过，“冰冻三尺，非一日之寒”，失眠是多种原因经过一段时间的积累才逐渐诱发的，所以走出失眠也需要时间来慢慢调养，而不是你命令自己就可以立马恢复的。

CBTI 的逐次访谈总体需要 8 周时间，这就说明失眠的恢复过程需要两个月左右的时间，甚至更久。这也让我们从治疗形式上认识到，解决失眠不是一两天那么容易。

或许朋友们认为笔者给出的解决方案内容有些多，很难一下子掌握。如果你追求一两天就走出失眠，目标定得过高过快，就容易急于掌握所有方法，导致大脑一时间接受不了，因而心生压力，反而更加焦虑。

如果我们仅制定一个小目标，比如，第一周你先躺着不努力，记录睡眠数据就好，至于睡多少都不重要。先让身体不那么难受，至于睡眠时长，一定不会太差，毕竟有睡眠的内稳态，还有那么多的循证医学证据。

当你制定一个小目标，降低要求，不急于证明自己，也不急于睡着，睡眠反而变得轻松起来了，逐渐成功几次，你也就更加有耐心和勇气来慢慢处理失眠这件事了。

九层之台，起于累土；千里之行，始于足下。不必因为山峰过于高大，就望而却步，慢慢来，山顶其实并不遥远。

降低预期：睡四五个小时也可以

2022 年 2 月 8 日，在 2022 年北京冬奥会上，18 岁的谷爱凌拿下了自由式滑雪女子大跳台金牌。在一次演讲中，谷爱凌分享了自己的“秘密武器”——每天睡够 10 小时。

由此，我们认识了一位活泼开朗、精力充沛的奥运冠军。对比之下，我们非但没有卓越的成绩，连基本的睡眠都保障不了，令人不禁慨然。

失眠的人心想：如果我每天也能睡 10 个小时，失眠绝对就康复了！

对失眠感到焦虑的人常常这样抱怨：如果不是这恼人的睡眠障碍，谁不是当年那个能睡觉、爱睡觉，睡好一觉就精力充沛、百病全消的少年。如果不是这挥之不去的失眠，我早就逢考必过、升职加薪，走上了人生巅峰。

不得不承认，睡眠好的人的确有着独特的“优势”。在情绪、身体协调性和精神活力方面有着旁人难以企及的高度，也更加容易做出令人瞩目的成绩。

如果你每天能够高质量睡够10小时，不得不说你确实很厉害。有研究显示，10～13岁的孩子每晚至少要有9小时的睡眠，而20岁以上的成年人，通常只需要7～8小时的睡眠就够了。失眠者往往把目标定得过高，被睡眠时长所束缚，7～8小时也很难满足他们，他们的目标是想睡就睡。失眠者晚上掰着手指头算自己的睡眠时长，一想到不久天就亮了，更加逼迫自己赶紧睡，反而加剧了入睡困难。

2021年9月，《美国医学会杂志》发表的一项研究发现：每天睡7小时的人，各种原因的死亡风险（全因死亡率、心血管疾病死亡率和其他原因死亡率）都是最低的；而睡得太少（小于5小时）或太多（超过10小时），死亡风险都会增高（这项研究主要对象为中老年人）。

根据这个研究，我们在失眠期间，尤其是短期内，可以勇敢地允许自己平均下来每天只睡5小时，至少这不会让全因死亡率增加，其他时间可以用来进行阅读、锻炼、社交等有意义的事情。这样不仅精神状态不会差，而且有利于睡眠的恢复。

有失眠情况的朋友，不要因为着急证明自己睡眠能够达标，就逼迫自己抓紧入睡、努力睡够，而且要达到深睡的状态，这往往是躺下之后躯体紧绷的重要原因。所以，比起逼迫自己睡 8 小时，笔者更希望你适度妥协、降低预期，这也是入睡放松的前提。

有的来访者常常反馈说，如果不能在 11 点之前睡着，会影响某些器官排毒。且不说这个观点是否有理论依据，即使有，那也是给正常人的建议，对于已经失眠的朋友，越去努力追求快睡早睡，越成了心理负担，也就更容易失眠了。所以，等走出失眠以后，再讲究养生吧。

搜狐 CEO 清华学霸张朝阳曾公开表示自己每天只睡 4 小时，极度剥夺睡眠，将睡眠压缩在规定的时间内。通过我们的观察，这样做似乎也没什么问题。还有夙夜在公的周恩来总理，每天的睡眠时长也是很少的，据说经常只是 4 小时。4 小时的睡眠对身体健康究竟有没有影响，我们且不做定论。笔者只是想强调，短期内少睡一点对身体的危害，远没有失眠的人想象的那么严重。失眠者着急多睡的原因无非是害怕长期失眠下去，每天都睡得很少对身体有危害。

朋友们，活在当下吧！短期内先勇敢地不怕睡得少，失眠反而会很快好起来。其实，你越敢于允许自己只睡5小时，甚至更少，你反而能睡得多。如果努力逼自己去追求8小时睡眠，反而连5小时也保证不了。

CHAPTER

4

咨询过程中大家都在问的问题

关于睡眠

前面两章我们详细介绍了失眠是怎么回事、应当如何解决，可以说是比较全面了。但不管讲解得如何细致，在实践过程中，仍有很多失眠朋友存在诸多疑问，而且不断追问。当然，举一反三能让人的顾虑得以验证和释放，怀疑和质问也会让知识掌握得更加扎实。笔者将来访者常见的疑问总结了出来，并附上了答案，以帮助你提高疗愈效果。

“我的睡眠还能恢复到以前那样吗？”

答：没听说失眠是一个不治之症，不可能好不了、没得救。笔者失眠的时候也这样怀疑过。你可能在网上看过许多长期失眠的案例，但也不必惊慌，他们要么没有进行系统治疗，要么就不属于心理生理性失眠。

你之所以怀疑自己恢复不了，一定是因为你经过反复尝试、碰壁，以及在不断地受挫之后，产生了错觉。当你处在焦虑状态下，怀疑和顾虑属于正常的“症状”。

很多失眠自救的朋友，还有笔者本人，都已经通过认知行为治疗恢复了睡眠。况且 CBTI 是有循证医学证据的，循证医学特指疗法是通过临床试验研究的科学方法，不是我们胡乱总结的。不但失眠可以恢复，哪怕你当下正在服用精神类药品，也可以通过系统治疗而最终摆脱。

你一定要有信心啊！

“我感觉我的失眠最严重”

答：你感觉你的失眠最严重，是由于你自己不断受到打击后产生的错觉。同时，你的周边也没有失眠的人进行横向对比，你只能自我对比，如果你跟自己之前的睡眠相比，当下的失眠肯定是比较严重的，你就误以为自己的失眠是最严重的。客观来说，不管是从躯体症状的评分，还是从解决的难易程度来说，你的失眠都不算严重。

到底失眠是否严重，需要经过科学、专业的评估后再下结论，自己不要轻易贴标签吓唬自己。

“快要睡着的时候突然惊醒怎么办啊？”

答：这个表现是慢性失眠最典型的一个特征，也是大家最关心、最讨厌的强迫唤醒，也叫条件性觉醒，这就是典型的心理生理性失眠。“有这种情况该怎么办呢？”事实上，我们整本书都在分析它的原因及解决方案。

不要再盯着这个症状追问怎么办了。你之所以这么问，是因为你想找一个快速有效的法术，一下子就把这个问题给抹去。抱歉，笔者这里没有这么快速的方法。笔者在第二章、第三章中已经反复强调过，入睡障碍只是一个表象，需要我们顺其自然、不去理会，转而去进行那些具体的行为训练，让这个表象逐渐自行消失。

笔者能理解你的苦衷，正是这个强迫唤醒让我们的失眠延续至今，使我们深受其苦，但解决它并不是要盯着它，而是要先学会接纳，然后勇敢地不去管它。做好我们该做的，相信你一定能够克服失眠的。

“很害怕晚上怎么办？”

答：有的人说很害怕夜晚到来，每当临近睡眠就开始害怕了。白天也会因为想到睡觉就害怕。这是因为之前失眠时的一些痛苦经历给人留下了心理阴影。外加条件反射般地发作心慌，让人非常痛苦，所以就害怕晚上。

怎么解决夜晚恐惧呢？你要让晚上的体验不再难受，通过在失眠过程中采取“不管症状，等待入睡”的原则，外加刺激控制这样的具体做法，让自己切实体会到晚上并没有很痛苦，也就不那么害怕夜晚了。

当然，看完本书就彻底不害怕了，这是谁都做不到的，我们需要学会正确应对入睡，在成功多次以后，才会慢慢地勇敢起来。

“躺一晚都没睡着怎么办？”

答：很多人担心如果不努力睡觉，只是躺着，结果等了一晚没睡着怎么办？他很害怕发生这样的后果，所以迟迟不敢等待入睡。那么笔者要问，你努力入睡就一定能得到好睡眠吗？你可以发现，之前你那么努力地睡觉，可能一晚上都在很努力或者很挣扎地入睡，结果一周下来，你的睡眠也并不怎么样。如果你晚上只是躺着，不努力逼自己，没有躯体紧张和情绪障碍，你的睡眠反而更容易发生。你不要以为你之前的那些睡眠是通过努力才得来的，你大胆等着睡眠，反而更容易睡着。

所以，与其陷入以前的那种状态里不能自拔，不如拿出几个晚上来试一下，看看是不是比原来舒服，是不是更容易睡着。当你通过这种实践得到一些正向的反馈之后，你也就不会这么迟疑了。现在确实是在摸着石头过河，目前你心里没底笔者也理解，但真正实践之后，你就会有新的体会。

“躺下没困意了怎么办？”

答：如果刚开始还很困，躺着躺着睡意逐渐消失了，这时候就不要在床上躺着，应该像刺激控制说的那样，离开床等一下，有困意了再重新睡。即使你不离开床，醒过来等一下也可以。总之，不要陷入闭着眼睛使劲找困意的状态。

“按照方法做了，睡眠好了几天又反复了？”

答：睡眠的恢复一定有它自己的过程，是波动式前进、螺旋式上升的。遇到失眠反复并不代表前功尽弃，你按照方法去做能够睡好几天，恰恰说明你的失眠符合心理生理性失眠，而且比较轻微。由于你目前的睡眠还

不很稳定，还需要更多的时间来执行方案。

心理咨询通常是按周进行的，美国的CBTI也是按周进行训练。所以，睡眠情况通常需要按周来观察和总结，出现一两天的失眠反复，并不代表以后都会这样。不必因为几天的失利就怀疑整个康复过程，也不要因为几天的糟糕睡眠就推论将来睡眠也会很差。我希望你能够多多看到自己的进步，再多给自己一些时间，更好地掌握心态和行为疗法，假以时日就可以真正学会应对失眠，而且必将终身受益。

“如果能做到顺其自然，我的睡眠就好了”

答：很多人反馈说“我当然也知道顺其自然，我要是能做到顺其自然，我的睡眠肯定就好了啊”。有这种想法的人还是犯了一个错误，错误就是用所谓的顺其自然来解决症状。笔者已经强调过很多次了，顺其自然是一种对待症状的态度。森田疗法还有另外一部分就是“为所当为”。认为自己做不到顺其自然的人，其实是做不到用“顺其自然”让自己变得舒服。你要知道，顺其自然本就不是用来解决症状的，只是一种对待症状的态度而已。“为所当为”才是解决症状的重要行为举措。

还有一个大家常犯的错误，就是虽然知道了顺其自然这个态度，但急于让自己立刻扭转过来。保持顺其自然的心态并不是一蹴而就的，也不是说你一听这个词就可以做到完全不关心、不理会了。而是说当症状再次出现的时候，我们要学会跳出来，不再像以前那样排斥它、不再那么着急和恐惧，告诉自己顺其自然就好了，然后继续去做当下的事。

当然，如果你确实感觉很不适，症状让你很难受，也无从谈起“顺其自然”，那你一定要到医院就诊，我这里说的只是健康人的心理生理性失眠而已。

“你说的放松平静地躺着，不害怕、不焦虑，我做不到”

答：这个问题有大量的人在问，这也是大家容易理解有偏差的地方。需要再次强调的是，本书讲过的所有理论和经验，从来没有要求你晚上入睡时要很平静、很放松地去睡，也没要求你一点都不能害怕或紧张。这是很难做到的，因为你现在处于焦虑状态，会控制不住紧张，很难说看完一本书马上就完全放松下来。所以，我们不必追求绝对放松地躺着，只是说不去管焦虑或者恐惧这些情绪，也不管身体到底是紧张还是放松，跟所有的症状和平共处、跟自己和解，不再斗争下去。

然后做好我们该做的：不管症状，踏实等待，带着不适去等待，实在睡不着就起来等待。并不是像你理解的那样，晚上就必须很放松、很平静地躺着。如果做不到放松，反而会让自己更加焦虑。我们不要去规定自己入睡时一定保持什么状态，这才是顺其自然。

“你说的这些道理我都懂，但是我做不到啊”

答：这样说就说明方法没学好、理解没到位。自己看了一些文章，听过朋友劝说，甚至跟一些咨询师聊过，就以为自己懂了，其实你可能只是了解了理念，距离真正懂还有较大的距离。就像上个问题一样，其实你不懂。

另外，懂了道理，还要进行实践，两者缺一不可。不是说懂了道理，就能把失眠调整过来了。如果你是这么想的，就跟我讲的有些人对“顺其自然”的理解是一样的了。

同时，笔者讲的一系列行为疗法，要想一下子全部做到，也是很难的。笔者在前文也说了，我们要制定一个小目标，然后一点一点去尝试。还有，有时候你不是做不到，而是稍微一做感觉收效甚微，就没有坚持下去的动力了，坚持做才可以看到希望。

“失眠会引起抑郁症吗？”

失眠、焦虑症、抑郁症，虽然都属于精神科，但它们是相对独立的。抑郁症会失眠，并不是说失眠就一定会得抑郁症。本书讲的生理心理性失眠，可以作为一个单独的原发性慢性失眠长期存在，并不一定发展为抑郁症。

失眠后人体日间功能受损，出现疲惫、拖延、懒言少语、做事没心情，这属于失眠的人都有的抑郁状态。而抑郁症是很严重的精神障碍，症状要严重得多，需要到医院确诊，不得妄自猜测。

我们与其如此恐惧失眠会诱发抑郁症，还不如等闲视之，不因失眠过多地产生负面情绪，就不会让情况变得更加糟糕了。退一万步说，即使得了抑郁症又能怎么样呢？经过科学系统的治疗，抑郁症是可以痊愈的。

“失眠会引起大病吗？”

答：与上个问题讲到的道理一样，失眠作为一个单独的疾病，没有引发其他疾病的必然性。更准确地说，失眠是我们身体亚健康状态的体现，因为我们自己的错误认知和错误行为（不健康生活方式），才让它延续下去。大家之所以会有大病疑问，是因为失眠后人的状态很差，导致身体不舒服，就会误以为自己得了什么大病。

所以，失眠并不一定会引起什么大病，但这已经在提醒我们，身体确实不那么健康。我们只需要科学地去解决失眠，让身体恢复健康就可以了。

“我这样的情况多久能好啊？”

答：这个问题有好多人在追问。大家之所以问这个问题，实际是表示自己担心能否康复，或者表示着急要恢复睡眠，不太接纳自己目前的失眠情况。

如果对疗法都理解到位，并且坚持做了，1 ～ 2 周就会有很大进步的。接下来可能会遇到不稳定的反复，当我们学会处理反复的情况，失眠真的就好起来了。恢复的时间不能一概而论，每个人情况会有所不同。

我们能做的就是接纳自己暂时就是有失眠的情况，不要着急，给自己多一点时间，如 3 个月。越不计较越能尽快好起来，越去顺其自然越好得快。正所谓“快就是慢，慢就是快”。

“失眠很久了怎么办啊？”

答：很多人说自己失眠很久了，虽然中间反反复复，但一直也没有彻底好起来，就认为自己的情况非常严重。要知道，长久失眠并不代表严重，严重与否要进行严格的评估。

长期反复是生理心理性失眠的一个特点，跟其他疾病没有什么必然的关联。你已经失眠很久，同时还没出现其他重大疾病，正好说明原发性失眠危害性没那么大。

时间久并不可怕，通过科学的调节，睡眠是一定能恢复的。

“不是说要睡够8小时才能保证健康吗？”

答：人每天要睡多久其实没有标准答案，是因人而异的。睡眠时长就像一个人的饭量一样，不能追求每人每天都必须吃 6 个馒头。每个人的食量不同，睡眠时长也不必追求跟别人一致，更不需要苛求自己一定要睡足8小时。所谓“要睡够8小时”，只是世卫组织统算的一个平均值。

判断自己睡眠时间是否足够，CBTI里的睡眠卫生教育给出的标准是“能满足第二天的精神就好”。这里又会有人质疑：我就是因为第二天精神状态很差，所以才追求一定要多睡的。但事实真的是这样吗？你的精神状态差，更有可能是睡不了的时候硬逼自己努力入睡、低效率睡眠状态，以及长期缺乏运动、精神压力大和不规律作息造成的。所以，精神状态不好，不要一味地逼自己睡觉。

其实，你越敢于允许自己只睡5小时，你反而能睡8小时。如果只想着努力逼自己去追求8小时，反而连5小时也保证不了。（更多可参考本书第81页）

“我做了几天睡眠限制了，还是会失眠”

答：睡眠限制是多个周期的训练，制订方案后最少要坚持1周才会看到初步效果。如果只坚持了几天规律作息，那不叫睡眠限制，收效甚微是必然的。所以，我们要坚持进行完整的疗法。

睡眠限制期间，睡眠还处于不稳定状态，出现失眠的反复再正常不过。我们只需要根据具体做法，按周按规则操作就好，不必计较某一天的睡眠得失情况，也不要拿某一天的睡眠情况推论未来。

“晚上我也起来等了，仍然睡不着”

答：晚上起来等了一会儿，回去仍然睡不着，就认为刺激控制是没用的，这个也是很多人的想法。刺激控制的标准做法是睡不着的话就起来等，再睡不着再起来等，一晚上都可以这样操作。好多人害怕等一晚上都没睡着，所以起来一次还是睡不着，就会直接放弃这个方法，于是就认为这个方法没用。其实，还是我们没有严格按照疗法规定的步骤来做，也没坚持下去，如果坚持以后逐渐成功几次，就不会有那么多顾虑了。

“我入睡的时候到底应该怎么想，注意力要放在什么地方？”

答：入睡的时候，大家都不希望想起失眠，就会问应该怎么转移注意力，才能摆脱强迫思维，进而顺利睡着。如果你总想通过转移注意力来避免想起睡眠，是很容易失败的，因为你的锚点还是在睡眠上，转移注意力的潜意识是说“我不要想睡眠，要想别的”。其实这样还是在强调睡眠。我们应当不去管，不讲究方法，也不刻意转移注意力，思维自然就发散，然后自然就会睡着。

还有一部分人抱怨躺下就胡思乱想。其实，你着急入睡、入睡困难的时候才会关注到所谓的想法，正常人入睡的时候都会有浮想联翩的情况，这些都不影响睡眠。影响睡眠的还是努力的状态，只要我们敢于等，想什么都能睡着。

“总想去上厕所怎么办？”

答：入睡尿频这个症状本人也经历过，总想上厕所是为什么呢？一是因为比较担心憋尿的感觉让自己入睡困难，担心它的存在会让自己睡不着，为了扫清这个障碍就会去上厕所。再一个原因，就是害怕睡着以后被尿意憋醒，所以希望还是去上一下厕所才好。

其实，尿意产生的原因主要还是入睡太努力、太紧张了，紧张导致躯体各方面的肌肉都在收缩，就容易产生尿意。这也是很多人紧张激动的时候就想上厕所的原因。

笔者的建议是睡前不要喝太多水，睡前可以去一次厕所，然后踏实地去等睡眠就好了。不要担心尿意会让自己睡不着，即便有尿意你不去理会，最终也是能睡着的。另外，即使半夜被憋醒了也没事，憋醒了再去也不迟。我们只要不去过多地关注它，而且在睡眠限制的作用下，即使有尿意也是比较容易睡着的，久而久之，这个症状就会慢慢消除。

“入睡时害怕声音怎么办？”

答：入睡的过程中，你是否一直提防着环境噪声？你是否因为一点风吹草动就会精神警觉、困意消失，甚至整晚深陷其中而无法自拔？

其实，不是那些微弱的声音打断了你入睡，而是你对声音的敏感和恐惧，导致一旦有声音你就会产生过度的情绪和躯体反应，从而精神紧张而使困意消失。要知道，绝对安静的环境是不存在的，正常人都是伴着声音入睡的。不要本能地认为是声音阻碍你入睡，反而是小心翼翼提防声音才让你难以入睡。有研究表明，环境声音反而会让大脑认为是安全的。所以，我们要允许环境声音存在，不要理会声音，尽量放心去睡，不要提前假设自己会被吵醒，即使吵醒了又能怎么样呢？吵醒了就重新再睡吧。

如果声音确实很大，而且比较突然，让人难以忍受，是可以戴耳塞的。戴耳塞也不需要追求完全听不到声音。另外，适宜的睡眠环境也是必要的，如果确实因为睡眠环境过于嘈杂导致失眠，那就得更换寝室了。

“失眠让我皮肤很差，还有黑眼圈和掉头发的情况”

答：失眠以后，第二天精神状态很差，出现类似黑眼圈、掉头发的状态，这些确实属于不健康的日常憔悴。但如果因为这些原因我们就逼自己赶快入睡，睡不着就着急、恐惧的话，只会加重憔悴状态。

“白天不由自主地就突然想起睡眠问题，变得很焦虑，而且难以摆脱”

答：白天忽然想起晚上就很紧张，这是很常见的现象，无法单独解决，因为根源还是失眠。学会处理夜间情绪、持续睡好以后，白天的焦虑情绪也会逐渐消失的。

不要一旦出现想法就陷入不断控制的状态中，自我思辨也好，查资料也好，目的就是要把焦虑的想法辩论清楚，把疑虑排解清楚，然后才能放心地去做别的事情。结果是想法和顾虑就跟地鼠似的，一波接一波，不停地往外冒，很难彻底平复下去。

把失眠后白天的精神状态当作正常就好，不必想办法解决，不要认为白天焦虑控制不好，晚上就会失眠，这两者并没有必然关系，晚上我们是有方法去应对的。白天的焦虑情绪只是焦虑状态下的一个正常表现，我们能做的就是不去理会，顺其自然，回归当下。

“失眠是生理性的吧，心理咨询能解决吗？”

答：生理心理性失眠当然是有生理性原因的，同时也有心理性原因。根据我们前面的分析可知，这种失眠是由于生理紊乱产生的，由于心理上的过度关注而维持。生理原因主要体现在过度的压力或刺激侵蚀了身体，使得神经系统紊乱，也有专家认为是因为肾上腺激素分泌过多。心理原因主要是过分地担忧和恐惧失眠，强烈地排斥情绪和症状，导致失眠长期延续下去。由于这样的心理原因，进而让人们做出了很多错误的行为，如努力逼自己睡，或过度卧床，所以生理心理性失眠应该从认知和行为两个方面来调节。

认知行为疗法属于心理咨询范畴。心理咨询不是你想象的仅仅解决心理问题，它更像是通过咨询让你学会管理情绪，成为一个更加积极健康的人，同时更加适应这个世界。

如果你的失眠是由于严重的生理疾病造成的，心理咨询确实不适合你。

“失眠让我太难受了，我无法接纳它”

答：失眠确实让人很难受，也正是因为难受，所以我们很抗拒失眠，入睡时会非常努力地逼自己要放松、要睡着，进而导致更难受。如果你真的很难受，那应该去看一下医生。如果没有那么难受，笔者还是建议一定要勇敢地接纳它，不去管它，顺其自然，提升自己对神经症状的耐受度，当你真的感受到转变态度之后带来的好处，你就更加敢于接纳了。

当然，接纳不是一朝一夕的事，你要尝试着往这个方向努力。

“这些方法真的能救我吗？”

答：评判这些方法到底适不适合你，要观察你是否符合我们第二章说的生理心理性失眠的标准症状，同时并没有其他的生理疾病和严重的精神疾病。如果确定是慢性失眠，你就大胆地按照认知行为疗法去调节，它一定是对你有益的。不要质疑，虽然这些做法比较反直觉，但如果你真的能够坚持下来，一定会收获颇丰的。

关于精神类药品的问答

因为深受失眠和情绪困扰，很多失眠的人会选择药物治疗。他们服药的同时，对西药充满了各种顾虑。究竟该不该吃药？吃了还睡不好怎么办？吃了之后什么时候才能减断？产生依赖怎么办？如果靠吃安眠药睡着的话，我就是精神残疾了……现实中存在大量的认知误区，因此笔者根据大家常问的一些问题，依据笔者的经验和见闻，给出相应的参考回答。**以下内容仅作参考，不能代替医生处方。**

“我到底要不要吃药？”

是否需要药物治疗，一定要进行严格评估。并不是所有程度的失眠、焦虑症都需要用药，只有躯体症状经严格的评估达到一定程度，才可在医生的指导下给予药物治疗。单纯的生理心理性失眠，虽然有焦虑情绪和焦虑状态，但是可以采取非药物治疗方案。

实际上，我们得了感冒，要根据程度决定是否进行药物治疗，失眠也一样，需要视程度和类型的不同决定是否给予药物治疗。

“吃安眠药一定会上瘾吗？”

只要科学合理用药，可以在获得疗效的同时避免出现药物依赖。因此，无须对西药抱有太大的戒备心。一些患者因为过于担心用药会产生副反应或依赖问题而完全拒绝用药，这是不合理、不科学的。

有时候你会看到一些长期服药的负面案例，他们通常只接受了药物治疗，并没有改变失眠产生的土壤，如过度的压力环境、错误的认知模式、不良的生活习惯等。即使服用西药，内心仍旧顾虑重重，情绪上仍旧恐惧着急，药物的效果也逐渐减弱了。

所以，在服用西药的同时，还要进行认知行为干预，学会管理情绪，保证情绪稳定，同时改良失眠产生的土壤，才可以最大限度地减少药物的使用，也更有利于在病情稳定后开始减药，防止形成依赖。

“用药期间服用剂量需要调整吗？什么时候减量或停用？”

用药期间，服用剂量是需要根据具体情况调整的。具体的调整一定要在专业人士的指导下进行，自己不可随意增加和减少，以免出现更加严重的睡眠问题。

如果在多方面作用下，症状控制得很好，就可遵医嘱逐渐减量。需要强调的是，减药期间情绪可能会有波动，失眠也许会出现一些反复，这都是很正常的。正如飞机要着陆也不是非常丝滑的，只要能够实现软着陆就可以了。不要认为减药就一点都不能焦虑、一点都不能失眠，这样只会加重心理负担。

另外，西药减药期间会出现一些奇怪的现象，如睡眠很轻、感觉不到睡眠等，需要及时做好心理建设，从而保证减药成功。

“习惯了吃安眠类药物才能睡着，怎么戒断？”

药物的心理依赖具体表现为：不吃药就无法入睡，或者因为减药后怀疑自己不能睡着导致必须吃药。对于这种心理依赖，建议可以先保持原来的剂量，然后介入心理干预，等纠正认知行为以后，睡眠更加稳定了，再缓慢减量直至停药。

“吃褪黑素有用吗？”

有点用，但不多。褪黑素作为一种由脑内的松果体分泌的天然激素，能够调节我们身体的昼夜节律，诱导自然生理睡眠，矫正紊乱的“睡眠—觉醒”周期。对于生理节律紊乱引起的睡眠节律障碍，包括睡眠时相延迟综合征、时差反应、倒班工作所致失眠等有较好的疗效。一般将昼夜节律调节至合理状态后就可以停药了，使用时间通常不超过半个月。

但是，褪黑素本质上并不是药物，起到的只是辅助作用，并不能治疗心理生理性失眠，不建议长时间把褪黑素当作安眠药物来使用。

“不看医生，自行用药可以吗？”

有些患者知道自己存在失眠焦虑问题，因为讳疾忌医或者认为医生没有耐心，就不去看医生，看其他病友用哪种药效果不错，自己也买来吃。

首先，适合他人的药物治疗方案并不一定适合你，这就是临床上常说的个体化治疗。每个人的情况不同，选择的药物也是不一样的。尤其是有些患者可能合并躯体疾病、药物相互作用、药物耐受性、并发症等情况，更应实施个体化的合理用药。

还有一部分患者因为担心精神类药物会有副作用，会自行选用一些“药效神奇”的保健品，如谷维素、睡眠片、氨基丁酸、缬草提取物等。这些保健品的治疗效果是不确定的。

再比如，有些长期服用安眠类药物的患者在出现药物耐受性时，会觉得药物的助眠效果不像以前那么显著了，于是自行加大服用剂量，再加上身心对药物的需求越来越强烈（依赖性），很容易陷入滥用药物的误区。

常被误诊为心血管疾病的“焦虑症”

一些焦虑症患者时常出现心慌、胸闷、心跳过速等症状，甚至偶尔还会感觉心前区疼痛，去医院做了一系列检查，并没发现什么器质性病变。

其实，上述症状是焦虑症的躯体症状表现，每次你以为的心都快要跳出来了，其实就是“焦虑发作”罢了。通常科学服用抗焦虑药物的同时辅助心理疗法，症状就会缓解并根除。

由于“焦虑发作”时出现的一些症状与心血管疾病类似，极具迷惑性，出现误判是常有的事。因此，如果你也出现了类似症状，一定要确定是否为“焦虑症”，建议及时到精神心理科就诊，以更好地诊断病情。即使你去心内科检查，也一定要听精神科医生的意见。

千万不要在自我误判为心脏疾病后，错误地使用一些治疗心血管的药物，如抑制心率的 β 受体阻滞剂（美托洛尔，也叫倍他乐克），进而造成更加严重的失眠和抑郁（这是血泪教训）。

部分心血管药物的精神不良反应

药物/分类	精神方面不良反应
洋地黄	失眠、谵妄、疲乏、抑郁
β 受体阻滞剂	疲乏、失眠、抑郁、头晕（阿替洛尔片的不良反应较小）
α 受体阻滞剂	抑郁、嗜睡、乏力
利多卡因	激越、谵妄
甲基多巴、可乐定、钙通道阻滞剂	抑郁、倦怠、烦躁、睡眠障碍
胺碘酮	继发于甲状腺功能异常的情绪障碍
利血平	抑郁、嗜睡、疲惫
利尿剂	低钾或低钠血症导致厌食、倦怠、嗜睡、抑郁或烦躁
他汀类药物	认知功能改变，睡眠质量降低
抗胆碱药	幻视，烦躁不安、谵妄

总之，对于失眠者来说，千万不要随意用药，只有严格评估是否需要用药、严格按照指导用药，才能让治疗真正获得成效。

给失眠家属的建议

试着倾听和理解症状

家属如果真心想要帮到失眠者，首先要学会理解失眠者的症状。不能理解他，就不能取信于他，即使你给出了“好建议”，他也是听不进去的。关于具体的失眠症状，笔者已经在第二章列出来了。家属可以参考一下，然后再去与失眠的人沟通，就能够很好地共情。

我们作为家属要提供帮助，就应当多倾听失眠当事人的症状和感受，给予理解、支持和宽慰，这才是解决问题的第一步。

不要太担心

失眠后，人的精神状态会很糟糕，如面容憔悴、做事拖延、懒言少语、暴躁易怒，感觉像是变了一个人，再联想到被媒体大肆宣扬的抑郁症、精神分裂症等精神障碍，家属会很担心。

如果家族中没有抑郁症、精神分裂症病史，则失眠者得这种精神疾病的可能性很低。如果家族中有人有焦虑症，或者出现过类似失眠症状，则失眠者很可能就有类似的焦虑和失眠情况。如果是后者，书中所提供的方法就会有很大的帮助。

即使是所谓的抑郁症，家属也不必太惊慌。经过认真科学的治疗，抑郁症也是可以痊愈的。家属自己不要谈虎色变，沉着冷静对待即可。

要有耐心

失眠者处于焦虑中，可能会总是追问一些看起来很正常的问题，正常人难以用常理来思考陷入焦虑状态中的人。

同时，心理生理性失眠往往容易长期反复。所以，当失眠者每次出现失眠问题，找家属倾诉或者抱怨的时候，家属要有耐心，要理解这类失眠的特殊性，要多跟患者想办法，而不是一味地抱怨他矫情、想不开等。

不要轻易给建议

家属并不是专业人士，不要轻易给出治疗失眠的建议。一个是因为家属自己找的治疗方案不一定适合患者的实际情况，再一个就是如果轻易给出建议，而患者本人尝试过后感觉没什么效果，就会失去对家属的信任。失眠者如果多次尝试无效，就容易把自己封闭起来，不再轻易接受和尝试任何人的建议。

不要命令

要做别人的思想工作，首先要理解他，并站在他的角度，真心帮助他想办法解决问题。家属如果不懂失眠方面的问题，可以选择一起探讨，多听听当事人怎么说，感受一下他的感受。

然而，就这一项简单的做法，许多家属都做不到。许多家属不理解失眠者，武断地猜测一个原因，给失眠者下定义、贴标签（如“你睡不着就是想得太多”），或者根据自己仅有的认知胡乱提出一个建议并强加给别人（比如：要求睡不着的人别想太多）。

即使是自己的孩子，也不可借着“养育之恩”，要求他必须听从你的指示。好的亲子关系是建立在深刻理解的基础上，要一起想办法解决问题、抵御困难。即使你的观点是对的，也要通过合理的方式让别人信服，一味地命令和要求，只会激发对方的逆反心态，让事情变得更加糟糕。

不能说的话

失眠者家属如果不能感同身受、不能理解患者的症状，那就切记不要说这样的话：

◆你睡不着就是因为不够困

◆有人在马路上都能睡着

◆睡觉多么简单啊，你放松就能睡着了

◆睡觉时不要想太多

◆睡眠很重要，好好吃饭、好好睡觉才能保证身体健康

◆你怎么这么矫情

◆一个失眠有什么好怕的

另外，还有很多不能理解就武断下的结论，还不容置疑……

以上句句都对，但是对于失眠的人来说句句令人难以接受。这些话只会让失眠的人感到生气和不被理解，对于解决他的问题没有任何帮助。还是那句话，描述真实的症状才可以打动他，理解他才是最好的帮助。

如何提供正确的帮助

失眠者家属要带患者到正规的医院的精神心理科或者睡眠专科（有的医院还没开设）进行诊断。医生每天会见到大量患者，无法对每一个人都很有耐心，患者去看病觉得没有得到理解也非常正常，这时候家属正好可以借机劝导失眠者：他的情况在医生看来很普通，并不严重。当然，如果你感觉医生不够负责任，那么可以多看几位医生，兼听则明。

同时，家属最好带失眠者进行正规的心理咨询。上一节我们也说过，解决焦虑症等精神类问题，药物加心理是最佳方案，心理咨询能够帮助失眠者学会管理情绪和睡眠，从而最大限度地减少药物的使用、尽快减药及帮助断药后不再轻易复发。一定要找领域内资深的心理咨询师，不要贪图便宜而随意找一个所谓的心理咨询师，导致患者本人因为没有效果而对心理咨询失去信任。

家属可以规劝失眠者不要上网乱查资料，网上很多内容非常不负责任，还有很多负面信息，会误导失眠人士或者给他们造成更大的心理负担。

CHAPTER

5

典型案例的康复心得

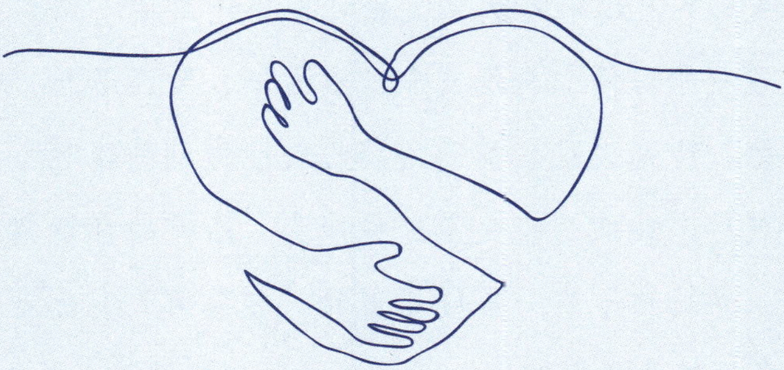

补觉失败后，陷入失眠恐惧

咨询师按：这位来访者是非常典型的失眠陷入案例，偶发失眠后，就试图狠狠补一觉，结果失败了，产生了焦虑恐惧情绪，加上不合理的情绪处理方式，使得自己陷入其中无法自拔。后来经过认知行为疗法的干预，学会了正确处理情绪以应对失眠。她写下这篇恢复心得以鼓励和启发其他失眠者。

今天早上起来突然感觉跟之前不一样了，可以安安静静地收拾房间、洗洗衣服、看看书、听听音乐，心特别宁静。这是失眠之前不用期盼就能做到的事啊，自从失眠以后，就像是丧失了这种能力，所有的坏情绪喷涌而出，恐惧和不安一直侵扰着我。在前两天突然就想开了，负面情绪慢慢减弱，几乎感受不到恐惧了。

我失眠是因为在2018年12月底生活中发生了一些事情刺激了我，当天没睡着并没当回事，第二天8点就躺下了，想要狠狠地补一觉，结果自己非常努力入睡却怎么也睡不着，还出了一身冷汗，早上起床特别沮丧，以为自己得病了、以后再也睡不着了。慢慢地，开始害怕夜晚的到来、害怕睡觉，就到网上搜各种关于失眠的信息。无意中看到了牛老师的文章，知道了自己失眠是因为肾上腺激素在作怪，逐渐建立了正确的认知，后来尝试了睡眠限制后可以睡着了，但是睡得很浅。

因为老师的文章内容很符合我的情况，后来我就去咨询了牛老师。刚开始那几天情绪控制特别厉害，就像一股电流，让人接受不了，急切地想变得正常一点，后来慢慢就习惯了。老师给我解答了很多疑惑，恐惧的时候跟老师聊聊就会使恐惧减少很多，老师也教了我很多面对情绪的方法。慢慢地，我的情绪控制越来越弱，直到现在就算遇到恐惧也知道该怎么应对了，恐惧来了就去接纳它、感受它，带着恐惧去生活。当你的注意力不在自己身上，活在当下，情况就会越来越好。我们有一些坏想法不过是杞人忧天，回过头想想我们担心的那些事都没有发生，只是自己产生的一种悲观情绪。恐惧特别厉害的时候，以为自己好不了了，总是杞人忧天。现在再去想想也不会感觉到害怕了，当时只不过是我们的神经太敏感，被情绪控制了。一旦寻找到正确的方法，我们都会好起来的。

对于失眠，我坚持做的事情，第一件是严格遵守睡眠限制，不要试图补觉，就算睡得不好，第二天也要坚持上班，回归正常生活。第二件是面对情绪要学会旁观，不要让情绪控制自己，如果实在做不到就去感受它。情绪都有消散规律，只要你不理会它，它就会消失。第三件是尝试做一些有氧运动，可以帮助调节情绪。还有就是千万不要从网上胡乱搜一些信息，我之前就是看了一些负面信息就觉得所有不好的结果都是在说自己。最重要的是改变认知、活在当下，不要围绕失眠去做一些事情，把重心转移到工作、生活上，接纳、面对，静静等待，剩下的就交给时间。

特别感谢失眠带来一个不一样的我，让我变得更自律，让我的内心变得更强大，让我认识到只要做好自己。想要的自然就会来找你，凡事不能急功近利。特别幸运的是，我遇到了“失眠自救计划”公众号，里面的文章都很受用，相信用积极的心态去看待世界，我们都会变好的。

没想到自己也能写恢复心得

咨询师按：这位来访者失眠的诱发原因不是精神刺激，是生理疾病。她原本觉得失眠离自己很遥远，没想到失眠竟然发生在了自己身上。不管原来睡眠多好，当失眠真正发生时，几乎没有人能够从容应对。大部分人都会变得非常惶恐，在不断地精神受挫和负面消息恐吓下，很容易做出过激行为。好在她经历重重磨难后终于迎来了黎明。

通过她的心得，你可以看到，她走过的弯路很全面、很有代表性。绝大部分失眠者都会经历。本书尤其可以给那些因失眠而变得情绪异常激动的人提供参考。

没想到有一天我也会写恢复感想，因为两三个月前我还在看别人的恢复感想、羡慕那些走出来的人，梦想自己也能有一天写恢复感想。果然这一天到来了！

2018年9月中旬之前的我，是受父母宠爱，没心没肺、无忧无虑的。“失眠”这两个字离我好远好远，因为之前的我是睡不够的人，所有经历过失眠的人之前都这样吧。想象不到失眠会发生在我身上，看电视时听到有人说失眠就觉得是件神奇的事，怎么会睡不着呢？我都睡不够啊！

然而，从那一天起噩梦就开始了。我因为吃螃蟹犯了肠胃炎，晕了两天，病好的那天晚上一夜都睡得不踏实，感觉自己一晚没睡。第二天也没当回事，想着晚上早睡就行了。但是，第二天晚上早睡后依然睡不好，没有以前那种闭上眼就能睡到天亮的感觉，而是迷迷糊糊、感觉一晚没睡。到早上就开始慌了，紧张害怕，怀疑自己生病了，然后就急于证明自己能睡着。从白天惶恐到晚上，9点多有了困意就开始上床睡觉，可还是睡不着！心慌，身体发热，恐惧，躺在床上翻来覆去睡不着，我就去做了不该做的事——喝酒！喝完白酒和红酒后，确实很快就睡着了。因为不是自然入睡的，是靠着喝酒才入睡的，白天依然是害怕恐惧，觉得自己睡不着了、不会睡觉了。我惶恐不安地等到晚上，到了九点、十点就急于上床，要证明自己能睡着，但还是失败了！最后依然选择了去喝酒。我崩溃了，觉得自己这辈子不会睡觉了，永远睡不着了。

我开始焦虑、食欲缺乏，做事也没精神，每天都不开心，白天就是围绕失眠在网上查各种资料，到处搜索怎么治疗失眠。看到那些失眠几年、十几年、几十年的人，我绝望了！我觉得自己和他们一样，我的人生完了。然后就开始寻找各种偏方，泡脚、运动、喝牛奶、冥想，只要别人说有用的方法都去尝试。晚上早早地躺在床上，可是依然失败！有一天晚上喝完酒睡到早上5点就醒了，然后再也睡不着了，我彻底崩溃了。我起床穿好衣服跑到天台，当时真的不想活了，觉得死了就能一直睡觉了。我朋友被我吓着了，带我去了医院，心理科、中医科都挂号了。在心理科排队一小时进去就诊不到十分钟就出来了。医生简单问话开导了一下我，给我开了安眠药。后来到了中医科，中医给我把脉，然后开了药。我提着两包药回来，我不认命，难道要吃安眠药一辈子？特别是看到安眠药的那些副作用后，更不敢吃了。对了，我还买了褪黑素，晚上吃了三颗，对我一点用都没有！我一直觉得身体发热、心慌是自己的身体出了问题，看中医花了快一千块钱，药苦得受不了，也依然没用！

自从遇见了“失眠自救计划”公众号，我的心态就好了一点，里面的睡眠成功恢复经验和科普知识对当时临近崩溃的我有很大帮助，让我知道了失眠是可以治好的，焦虑是怎么回事。我最正确的做法是没有去吃安眠药，即使当时晚上很崩溃，很多次拿出了安眠药，又毅然放下了。因为我的性格我知道，只要吃了就很难戒了。我不是说吃药没用，情况很严重的可以采用药物辅助，不要排斥它！后来当我了解到了失眠的认知行为治疗后，我看到了一丝曙光，于是在网上买了书，收到了就开始研究，当晚开始实验。睡不着、翻来覆去的时候就起床看看那本书，给自己打气。一晚上起来三四次，实际在床上时间只有两三个小时。第二天白天心态依然是崩溃的，因为我不知道有没有用。我是个纠结体质的人，开始怀疑这种方法的效果，觉得没有希望，然后在网上找各种资料，查各种成功的案例，看看能不能学点经验给自己打气。

因为不想被失眠纠缠，怕失眠一辈子，我满怀希望地找老师咨询了，当时就觉得自己快好了、有底气了。第二天“十一”放假回老家，因为换了个地方睡觉，我很担心睡不着怎么办。心里难受又崩溃，又不想家人担心，只能强颜欢笑。按照老师给的睡眠时间，抱着晚上不睡就躺着的心态，晚上到点上床，本以为自己会很难睡着，结果晚上很快就入睡了，夜里醒来一次也很快又睡着了。在家连续三天晚上都是这样的。有一天中午午睡一小时，连老师都以为晚上会影响睡眠，但那晚依然睡得快、睡得香。这是我无法想象的。

即使睡好了，白天依然是焦虑、恐慌的，还是会担心晚上的睡眠、以后的睡眠。后来回到合肥，回到自己熟悉的地方，第一晚反而睡不好了，睡一会儿就醒了，再入睡就困难了，折磨了一个多小时才睡着。后面的几个晚上都是这样。我依然焦虑，每天会向老师报告自己的睡眠情况和心态，然后老师会详细指导并开导我。其余时间，我自己上网看各种睡眠恢复帖，贴吧、豆瓣、知乎里面的恢复帖，每个帖子我看了不下十遍，都能背下来了。其实，老师是不支持我没事看各种资料的，因为有的负面信息会影响自我的认知和心态。可是我忍不住，因为白天不能时时刻刻找老师聊天，闲暇时间自己又很焦虑难受，所以又去买各种心理学书，通过看书知道了焦虑症、抑郁症、强迫症，曾经以为这些离我很远。

在治疗的这段时间，我都怀疑自己是不是得了抑郁症，然后在网上查相关资料，惶惶不安。后来咨询了老师，老师说有抑郁情绪是恢复路上的正常情况，不要担心，会慢慢好的。我当时不信，不过随着时间流逝，抑郁情绪真的越来越淡。

在恢复的过程中，睡眠情况时好时坏。有段时间睡得很好，白天也不怎么想这些，以为自己好了，结果又反复了，我被打回原形。我又开始焦虑难受，觉得自己又严重了。老师说反复是正常的，即使白天不去想失眠，反复依然存在。我将信将疑地度过几天，发现睡眠又好了。但是，心态建设还需要很长时间，焦虑、抑郁、难过、恐慌每天都纠缠着我。随着时间一天天流逝，这些情绪越来越淡，直到有一天我跟朋友聊天突然觉察自己好久没有去想失眠也没有焦虑了，从那一刻开始我觉察到自己真正走向康复了。慢慢地，我的生活重心不再围绕着失眠了，注意力也转移到自己的生活、工作中了，心情焦虑时也会带着情绪去工作、娱乐、生活了。

下面我说说失眠了该怎么办。失眠后，很多人觉得白天困，要补觉，这是错误的。失眠了，更要少睡。睡眠是人的本能，你睡得少，后面就会更容易睡着。不要总是白天不起、晚上早睡，因为在床上躺着就是补充能量。很多失眠的人都跟我一样，晚上早早睡，白天不愿起，结果睡不着，挫败感强烈，焦虑严重，睡眠越来越差，形成恶性循环。晚上十一二点上床，早上六七点起床，不管睡得好坏，早上都要早起，坚持几天你就能看到效果了。焦虑特别严重的还是要咨询专业人士。

过好白天更重要，很多人包括我自己觉得晚上睡不好，白天就浑浑噩噩，不想上班工作，一门心思就想治疗失眠，晚上能好好睡觉，这也是恶性循环的开始。我当初就差点放弃工作而回家专门治疗失眠，想着什么时候治好了再回来工作。如果真的这样去做，这辈子我估计都好不了了。大家放心，身体不是你想控制就控制得了的，它有自己的调节机制。只要你的工作不是高危行业、需要精神高度集中，失眠是不会影响你正常工作的，一定不要放弃自己的正常生活，失眠前你怎么生活失眠后就继续怎么生活。即使难受也要带着难受去生活、聚会、工作、娱乐，不要去关注你的情绪。

还有泡脚、喝牛奶、冥想、运动可以去做，但不要为了失眠去做，如果养成了习惯，你就会觉得不做这些晚上就睡不着。以后你能一辈子都保持这些习惯吗？我现在也会晚上泡脚、早上冥想，但我是为了身体健康去做，有时没时间，不做也不会影响睡眠。

多跟正能量的人聊天，吸收正能量，远离负能量！失眠群也要少进，里面大部分都是在抱怨自己多长时间没睡，对你治疗失眠一点用都没。可以加入一两个治疗群，多和恢复的人请教。还要多和亲人好友聊天，抒发自己的情绪，不要憋着。越压抑，情况会越来越严重！

失眠认知行为疗法很有用，通过这个方法，我知道有失眠二十年的人严格执行了两个月就痊愈了。失眠严重、没有自制力的一定要去找专业咨询人士辅导治疗，辅助情绪管理和纠正错误的做法，特别是失眠持续不久的人会好得很快。我很庆幸自己当时的果断，现在阴霾基本没有了，可以正常生活、娱乐、工作。不管你找谁，有专业人士的指导你会少走很多弯路，特别是自制力差的人。

另外，我也不知道自己有没有彻底恢复，有时一想到失眠，内心深处还是有恐惧的，毕竟伤害这么大！彻底忘记可能还需要更多时间，但我现在改变了认知，知道人一辈子睡不好几天很正常。哪天上火了、吃撑了，喝咖啡、喝茶都可能睡不好，连续几天也有可能。我妈有时连续一周一到晚上就睡不着，但她不当回事，睡不着就起来看电视、玩手机。困了再睡，白天多睡会儿。白天生活正常，一周后睡眠就好了。最近这半个月我的睡眠也有不好的时候。元旦回家也许因为换了床，第一晚没睡好，迷糊到凌晨四点才熟睡，但心态没有焦虑恐慌，白天也没受影响，采用睡眠限制后第二晚也很快就睡了。前几晚也有很长时间没睡着，我室友也有，她可以不骄不躁地躺着，我却有一点着急，主要是觉得躺着好无聊，也有一点点恐慌，想着是不是失眠又开始反复了。不过，第二天坚持早起，当晚又很快睡着了。睡眠就是这样，越不当回事越好，因为它不是你控制得了的。睡不着就静静躺着，白天早起，好好生活才最重要！未来还有很多困难等着你，不能被一个失眠打倒了。

对了，不管自救还是寻找专业老师咨询，一定不要着急，需要一定的时间。一定要记住，病来如山倒，病去如抽丝。如果找到正确的路，不要急于求成。我失眠持续时间短，都用了三四个月才慢慢恢复的，所以失眠几年、十几年的更要给自己时间了。相信科学，相信自己找的老师。大家加油啊！

美国大学老师的失眠自救经历

咨询师按：这是一位来自大洋彼岸的美籍华人来访者，也是一名大学老师，刚开始他对睡眠抱有极大的恐惧，加上他本人性格非常敏感多疑，恢复起来比较困难。但经过多次反复的心理支持和实际的效果证明，他的睡眠终于变得稳定了下来……后来我们成了很好的朋友，时常交流想法、分享生活，他对笔者的工作也非常支持，感恩相遇。以下是他认真详细写下的失眠经历和心得，希望能给失眠中的你一些帮助。

前段时间，牛老师邀我写点关于失眠经历的感悟。拖了几周，实在不好意思，是时候交作业了。希望我这点总结对失眠的朋友会有帮助。其实牛老师的公众号内容已经很扎实了。读他写的那些关于失眠的文章，肯定会比读我这篇更受益。假如你碰巧读到这篇文章，还能得到一点有益的东西，那我就非常开心了。

简单自我介绍一下，我叫老刘，1979年出生于黑龙江农村，读了很多年的书，也走了很多弯路。2015年总算在美国的一个学校拿到教职，生活才渐渐稳定下来。我有一个孩子，今年（2023年）8岁。我虽生在东北，但个性敏感，也不喝酒吸烟，做事情非常在乎别人的感受（我的这些性格特点和牛老师对我的分析是一致的）。

下面我聊聊我失眠的经历。2022年3月前后，由于老婆工作很忙，我每天要做很多家务，加上春季学期的课程又没有备好，心里有些着急，另外，当时医生让我使用的持续气道正压通气(CPAP)机器的面罩也不是很适应，我开始出现睡觉问题。一开始的症状是早上5点多就醒，然后难以再次入睡，后来渐渐发展到晚上入睡困难。经常是明明很困了，但一躺到床上，就睡意全无、心跳加快。这进而引发了焦虑，我即使入睡了，也会突然惊醒，或者做很多的噩梦，如高速刹车失灵、女儿丢了等。白天昏昏沉沉，无心工作。我约了睡眠科医生，她给我开了曲唑酮（50mg片剂），并且推荐了CBTI，我当时不知道啥是CBTI，也没有认真研究。那段时间一方面担心自己将来会不会一直失眠，另一方面又担心自己服药成瘾。我开始在网上进行搜索，看到了一些因为失眠药物导致成瘾，进而导致严重的抑郁，甚至自杀的例子。看完这些文章，心理负担更大了，失眠症状也更厉害了。最难的时候有两天晚上基本没睡。各位聪明的看官可以看出这是一个很坏的心理反馈形成的过程。现在想想那时真是可笑——自己吓自己。

不过说实话，在深夜失眠的时候，我真是感到前所未有的孤独无助。当时心里的焦虑和压抑的情绪也只有失眠过的朋友才能理解。那段时间，我非常渴望找人倾诉，老婆、好朋友、家人都被我麻烦遍了。后来，我觉得必须要有所改变，不能再这样下去了。一个很偶然的机会，我在微信上搜到了牛老师的公众号"失眠自救计划"，并加了他的微信。当时我饱受失眠困扰，不过一开始我并不信任牛老师，因为我前段时间刚被人在网上骗过。因为我太需要找人倾诉失眠的心情，还是和他聊了起来。说实话，当时有病急乱投医的心态，因为我看了家庭医生、睡眠专科医生、心理医生，都觉得帮助不大。再说多一个倾诉的人总是好的，我和他仔细交流了一下，他给我详细分析了我的情况，帮我制订了第一周的恢复计划。后来，我知道最开始的计划其实就是CBTI疗法的改良版，中文名叫作“失眠的认知行为治疗方法”。

我按照他给的方法认真执行了一周后，焦虑症状真的有所缓解，睡眠稍微好了一点。后面几周，他的思路是根据实际情况坚持“顺其自然，敢于等待”，更多的是从心理上给予支持，从细节的地方加以辅助。后来的结果证明他的思路是对的。当我心里开始接受了因为失眠而焦虑的现实，就不那么怕了。或者说这样做打破了焦虑和失眠两者的心理反馈怪圈，失眠也就开始痊愈了。当睡眠开始稳定在5～6小时，我开始每隔几周就减少服药的剂量，从一整片到半片，再到1/4，直到停药。现在3个月过去了，我基本上能睡6～7小时，中间不会醒。即使醒了也能再睡着，绝大多数时间不用药。虽然偶尔还是有睡得不好的时候，但是心里不再慌张了，而是充满了自信。因为我知道今晚没睡好，我就吃1/4片药，明天晚上我自然会睡得更好。白天我也可以做好工作，那我还怕啥呢？感谢牛老师，因为他是亲身经历过失眠的人，而且他做了很多年的心理咨询，知道怎么因人而异来设计恢复计划。另外，失眠的人一般不敢把所有的想法都告诉家人和朋友，怕他们会担心。所以，你可以把所有真实想法告诉牛老师、找他倾诉，相信他，他可以认真听你的倾诉，然后帮助你想办法。

最后，我想总结在失眠恢复中我试着做的几件事，也许对你有一点点的帮助。

努力停止抱怨失眠。因为我很快发现抱怨没有任何用处，它只会让你的家人、朋友心情变坏。他们都很想帮你，但却帮不了什么。如果需要抱怨，就联系老师吧。和他说，你不用有心理负担。

生活中的困难，包括失眠，都是一种性格的磨砺。这些磨砺可以让我们变得更加坚强。我发现只要我能睡3个小时左右，我第二天就可以完成包括开车在内的任何事。即使基本没睡，我也能在家里做很多事，只是开车需要非常小心。睡不着的那两天，我会让朋友带我去工作的地方。一段时间睡不好，真的不会危害到你的身体健康。我在失眠后做了身体检查，全部健康。这是一种与心理有关的疾病。既然又能做事又很健康，那我们还怕啥失眠？哈哈哈！

运动起来。运动是最好的“安眠药”。我在失眠的时候每天坚持走2万步。一段时间后，效果还是很明显的。我现在每天运动，不一定是走路，只要是出汗的运动都可以。坚持下来都是很好的，一定会对睡眠有帮助。

努力做好生活中的事情，无论是工作、运动，还是家庭。爱自己，爱家人，在生活中照顾好自己、照顾好家人，如果每天过得很充实，睡眠自然就会好起来。

通过睡眠限制科学地提高睡眠效率。关于这方面，你可以按照牛老师说的去做。放弃为失眠做各种努力，与其到处盲目搜索、看很多文章，不如和牛老师聊一下，顺其自然反而效果最好。他有过很多年的失眠经历，不需要再去试错，他能给你适合你的努力方向。

失眠刚好起来的时候，白天头上会紧紧的，有点像紧箍，不用怕，再过一段时间就会好的。

最后，我觉得腹式呼吸法对抗睡前焦虑很有用。

乳腺癌术后经历放、化疗，睡眠也能好起来

咨询师按：这是我的一位特殊来访者，与大多数普通的失眠者不同，她除了失眠恐惧焦虑以外，还得过一些疾病，用过化疗、放疗等各种治疗手段。这其实对失眠恢复都是不利的因素，这些情况会让人更加恐惧失眠。

但她性格温和、虔诚学习，实际咨询的效果比我预想的要好也要快，我也要感谢她对我的信任。虽然她偶尔因为一些日常事情还会有一些情绪波动，但睡眠真的好了起来。这要感恩于命运没有给她很严重的疾病，现在一切都在向好发展。她经历过人生的起伏以后，会更加珍惜当下的生活，并且更加乐观地期待未来。这是非常宝贵的经历和财富，以下是她认真写的心得，还提供了自己的睡眠监控数据供大家参考。

我今年（2023 年）32 岁，自认为生活一直都比较自律。近几年换了新工作，处于职业上升期。一年有个一两次加班到凌晨两三点，偶尔工作加班到十二点，平时基本上都是晚上十一点睡觉，睡到早上七八点。印象中从小到大失眠过两次，一次是老妈出了车祸，一次是小孩出生 18 天时，我误以为他发烧，把他送到医院，担心得整晚没睡着。

近几年确实因为工作、婚姻比较焦虑，但是我除了工作，从不会去熬夜追剧、玩乐，基本不吃外卖，很少在外面吃饭，都是吃食堂和自己做饭，自认为对比同龄人我的生活较为自律了。

2020 年 12 月，我生了小孩，月子期间妈妈和婆婆都在，我妈照顾宝宝，婆婆照顾我，但是婆婆此前基本十指不沾阳春水，因为我性格急躁，两人相处不来。我剖宫产回来第一天，就因为婆婆懒惰的事情大动肝火。可能因为生完小孩后体内激素变化的原因，我的情绪极其不稳定，常常因为一点小事就与婆婆或老公大吵特吵，一直吵到小孩 5 个月大时。2021 年 5 月 16 日，我无意中摸到自己的乳房有一个硬块，我的乳房以前有囊肿，但是医生说没关系，囊肿在哺乳后会自己消失的。以前的囊肿我自己没摸到过，只有做B超时医生提示过，这次摸到这个硬块，我总觉得和之前不一样，有点害怕。当天晚上把小孩照顾好之后，我用手机查了查相关的资料，然后就迷迷糊糊地睡着了。第二天去医院做B超，医生问我多大，我说31岁，当时心里就有一种不祥的预感。然后听到医生说“报4C，肿块膨胀型生长，边缘毛刺状”，我心想：完了，恶性的。接着去做了增强核磁共振，直接报了乳腺CA。后来向公司请假去广州看病，在未完全确诊、未收治入院的这几天，晚上我都能迷迷糊糊、断断续续地睡觉，每天应该能睡5～6小时。

在去广州治疗时，我遇到了心地善良的医生、护士。他们说乳腺癌不要紧，让我就当作一场感冒，听到他们的话我觉得很心安。住院等待手术期间还有一起加油打气的姐妹，那真的是一段特别的经历。当时广州新冠病毒感染疫情较为严重，我们一群同病相怜的姐妹每天在住院部聊天、散步，心灵得到了治愈。从那时候起，我每天9点多就上床睡觉，睡到早上6点多，睡眠都还不错。接下来，病理出来，我需要做8次化疗、内分泌治疗，一年靶向治疗。每次做化疗的当天晚上，会因为打了很多激素而入睡困难，其他时间睡眠都还不错。真正失眠是从放疗结束的尾声开始的。因为放疗部位的皮肤有点脱皮，有一天半夜因为皮肤很痒醒来了，接着就开始了失眠。每天晚上都要醒来好几次，有时候醒来一两个小时睡不着，翻来覆去，感觉漫漫长夜特别难熬，那时候入睡还算快，但是半夜会醒来，整个人精神状态还可以。我加入的病友群里，很多人都有失眠症状，大家说是因为我们吃了内分泌药（使我们提前进入绝经状态——更年期）导致的。因此，我也一直觉得自己失眠是吃内分泌药导致的。我后来去寻求中医的帮助，服用中药后，我睡得还可以（现在回想起来，可能是心理上觉得喝了中药能睡好，比较安心）。由于服了3个多月的中药，胃有点反酸，就暂停吃中药了。后来听说煮灵芝水喝能改善睡眠，我也喝了，感觉有一定的帮助，但睡眠依然是时好时坏。基本上每晚都要醒来，有时候半个小时，有时候两三个小时，一般睡六七个小时，不怎么影响我的生活和精神状态，但是我心底有点有怕睡觉。

彻底失眠出现于2022年8月初，当时我跟公司同事一起出去吃饭。我从2021年9月开始就只吃素饮食，这次实在不好推脱才跟同事去聚餐。虽然我都用水洗过那些菜才吃的，但可能吃了不卫生的食物，回来拉肚子拉了一晚上。接着我连着一个星期晚上都没怎么睡着觉，白天在公司午休能睡半个小时，我照样上着班，但是每天根本没心思干活。我又去中医院挂了专家号开了中药吃，吃了晚上照样睡不着。我开始在网上寻找治愈失眠的案例，我还在朋友圈和我的社群求助治疗失眠的办法。有朋友说实在不行就去开点安眠药吃吧，我就去看了神经内科医生。医生说我是因为生病导致的焦虑、抑郁引起的失眠，他给我开了抗抑郁的药。我忐忑地拿着药回家，查了一下成分，怕对身体不好，忍着没吃，但是晚上躺在床上实在睡不着，我就起来吃了半颗药。医生开了好几种药，我只吃了半颗（不记得是什么药了），吃完觉得脑袋晕晕的，仍然没睡着。这时候我觉得自己不会睡觉了。我生病后特别注意生活方式——营养（全素饮食）、锻炼、压力管理、睡眠、人际关系感和远离危险，可是我连觉都睡不好了，其他的都是白搭，我想着老天是不是要来收我了，对人生很绝望。比我刚确诊乳腺癌还要绝望。那一个多星期过得极其痛苦，对任何事情都不感兴趣，每天都在想睡眠的问题。妈妈很担心我，每天一早起来就问我睡得怎么样，我又怕妈妈担心，所以心理压力很大。以下是我那几天的睡眠数据（我执行生活方式医学后有戴运动手表的习惯，不戴就没有安全感），那几天有时候睡两三个小时，有时候基本上没睡着，就白天中午睡半个小时。

后面在知乎上看到了一篇来自“失眠自救计划”公众号的文章，对于文中主人公失眠的经历感同身受。他失眠时间很长，文中几句话令我印象很深：失眠没啥，很多人都失眠，都活得好好的；睡眠是自然而然的事情，是人天生就具备的功能，失眠都能治愈。

我开始有点信心，并加了公众号上的咨询微信，跟老师讲述了我的经历。老师给我制订了治疗计划……当天晚上我就执行了，睡眠好了一点，断断续续睡了6个多小时（见下图），我立马跟老师说了，他认为我睡得不错。得到鼓励后我更有信心了，我很开心，老妈也很开心。后来有姐妹告诉我可以练睡前瑜伽和冥想，老师也有指导一些方法，我照着Keep（一款运动App）练习睡前瑜伽和冥想，按照老师的方案执行，慢慢地，我不害怕睡觉了，睡眠质量相对稳定了。

但是，偶尔还会因为夫妻矛盾、家庭矛盾影响心情而睡不好，我会去咨询老师，老师都会给予我解答。每次问完我就觉得心里有底气了，会比较心安，感觉有一股神奇的力量支撑着我的信念。现在我不害怕睡觉了，有时候要管小孩，也没有每天练睡前瑜伽，冥想也放在中午做了。在经历这次失眠之前，我虽然睡眠没那么糟糕，但是我入睡都是靠看网上的新闻，不知不觉睡着的，不看手机我就没安全感，就难以入睡。

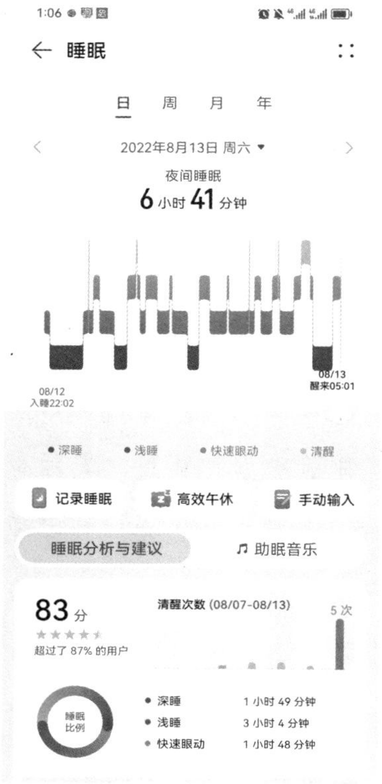

图 1

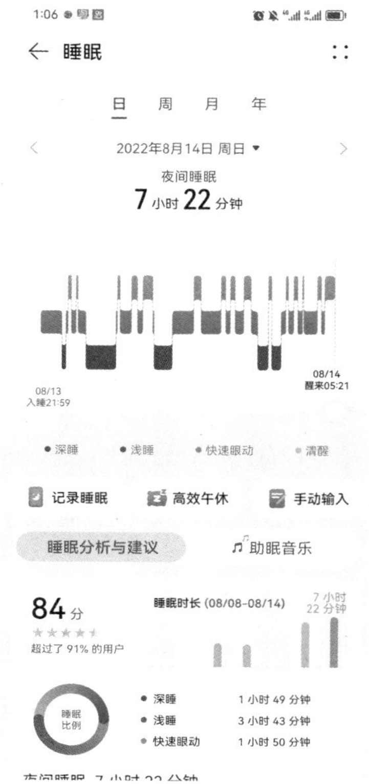

图 2

经过这次治疗调理之后，我基本每天在固定时间上床睡觉（晚上 10：00 左右）。关掉手机，眼睛一闭，能做到秒入睡，然后睡到自然醒（早上 6：00 左右）。有时因为天气变化会感觉热或冷，或睡前喝多了水想上厕所，会醒来一下，但是之后又能较快入睡。以下是我近期的睡眠情况（近期都没有喝中药，也没有喝灵芝煮水）。

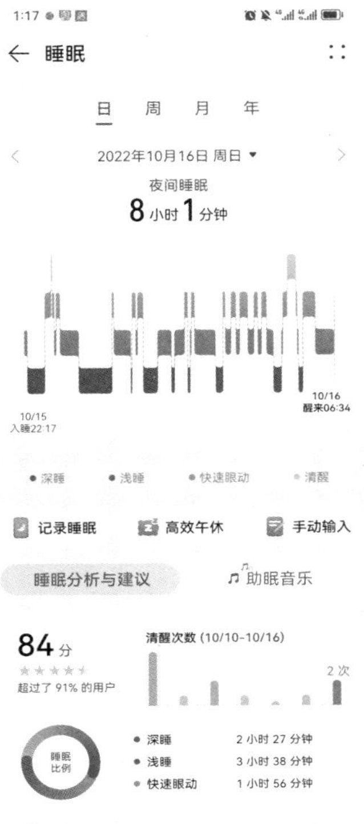

图 3

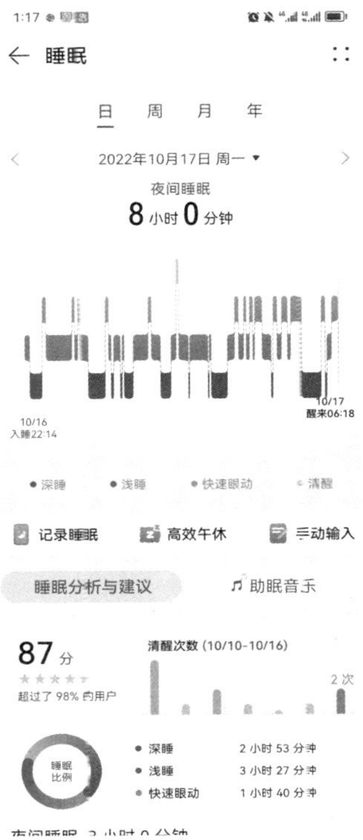

图 4

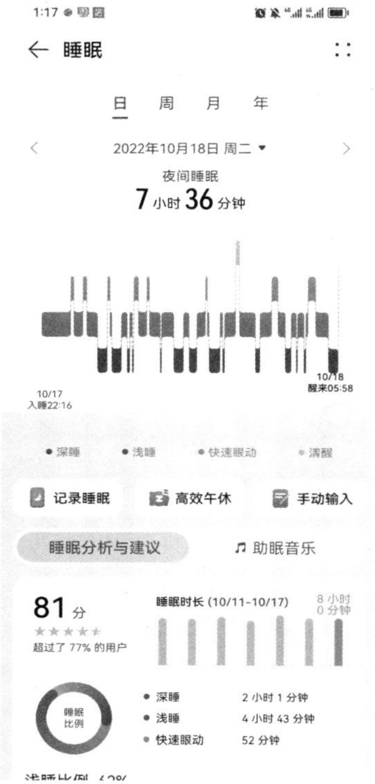

图 5

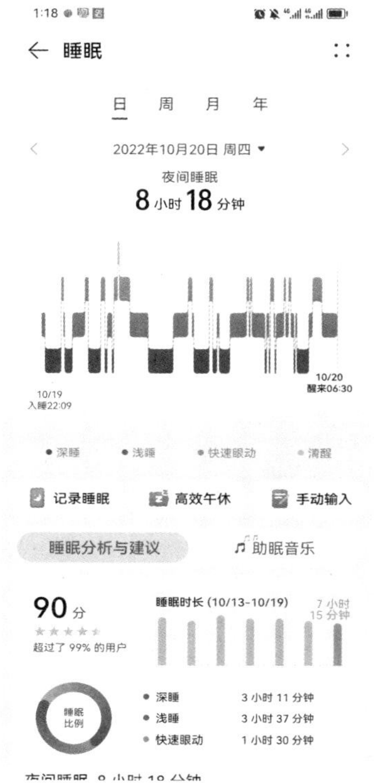

图 6

下面我总结一下我失眠治愈的方法：

给自己积极的心理暗示，找到战胜失眠的信心，要相信自己，这很重要。在调整阶段，害怕睡觉的时候，我会在心里默念自己的名字，并告诉自己：××，相信自己，相信自己能睡着，相信自己的能量，相信自己能战胜一切。

在调整阶段，可以采用一些方法进行干预，比如练习睡前瑜伽、冥想和呼吸。我觉得睡前做身体和心理上的放松，是很有帮助的。

规律的作息：定时上床，定时起床，不赖床，白天不要贪睡。我在国庆假期期间有两天午睡了两三个小时，结果晚上到十一二点才睡着。白天如果要睡，尽量控制在半个小时以内，我上班期间每天都是中午1:00—1:30睡半个小时左右。

可以吃一些助眠性的食物：如小米、茯苓、酸枣仁、灵芝煮水……刚开始调整期间，如果白天吃了这些安神的食物，我会给自己正念的提醒：××，你都吃了小米/灵芝煮水啦，肯定能睡得好。

规律锻炼，晒太阳。我生病后，从2021年6月做完手术出院开始，就坚持有规律地运动，每天早上六点多起来就去公园做运动，如郭林新气功、八段锦、林毅女性养生导引功。2022年7月开始跑步，隔天跑一次（8月初失眠期间没跑），现在已经能轻松跑10公里了。睡眠好了，体力和心肺功能都进步很快。最近又开始正式去瑜伽馆跟私教学习瑜伽……

图 7

图 8

总结起来，所有的所有，心理上要藐视失眠，不把它当回事，思想上战胜它，就能好起来。生活很美好，我要坚持执行生活方式医学，相信自己还有很多年，可以工作到退休，可以陪孩子长大，可以陪父母变老，退休后可以去环游世界……

新冠病毒感染后依赖强安定，最终也能成功戒断

咨询师按：这位来访者是新冠病毒感染后失眠的典型代表，用了强安定类药物治疗，即使使用药物的情况下，她也没能克服恐惧焦虑情绪。为了避免药物的耐受和依赖，她觉得必须学会自我处理情绪、正确对待失眠。幸好她悟性较高，一周左右就取得了很大的进步，后来逐渐摆脱了对氯硝西泮的依赖。于是我请她写了本次的恢复心得以供用药的朋友参考。

与其说是因为新冠病毒感染失眠，其实客观来讲，早在新冠病毒感染之前我的睡眠质量就每况愈下，只不过新冠病毒感染成了压死骆驼的最后一根稻草。

我今年（2023 年）36 岁，一直以来生活比较顺利，

虽然小时候家庭条件一般，也经历了一些生活上的困难，但一直被父母疼爱呵护着，有一起长大的挚友，有深深爱着我的老公和可爱懂事的女儿，工作升职没压力，加上身体素质好、无疾病困扰，总体就是顺风顺水、没经历过什么磨难。在不知不觉中，我开始了不健康的生活，经常吃外卖，不规律作息，工作节奏快，脾气急躁，长期任性的生活导致睡眠质量欠佳，中间也喝过一些中药，但是见好就停，没有坚持，也一直不以为然，没想到自己有一天会打开失眠这个潘多拉的盒子。

2022 年 12 月 25 日圣诞节，是一个难忘的日子，也是我新冠病毒感染康复 1 周的日子，我彻底失眠了，连续三天昼夜不眠、精神紊乱。病急乱投医的我在半个月的时间看遍了中医、神经科、脑科、心身科，还找了心理医生，吃了各种安神和安定的药物，当时的我感觉很糟糕，一想到睡觉就是人的基本功能，我连这个基本功能都丧失了，我觉得自己一定活不久了，这个失眠会一直伴随着我，安定类药物会越吃越多。雪上加霜的是，我和众多失眠的人一样，每天不停地在网上搜索关于失眠的信息，越来越焦虑、越来越恐惧。每天对睡觉都感到深深的抵触和绝望，安定越换药效越猛，最后要吃抗焦虑抑郁的药和强安定类药物（氯硝西泮），才能勉强维持 3 ～ 6 小时睡眠，这就是典型的失眠性焦虑。

所幸的是，在控制不住地从网络上翻阅失眠信息时，我找到了牛老师分享失眠的案例，并加了老师的微信。当时也是病急乱投医，想着被骗就被骗吧，就当花钱买希望。我的失眠不治好，金钱对我来说一文不值，只有我自己知道我有多绝望和无助。申请咨询服务当天，在老师的指导和帮助下，当晚我就改善了睡眠焦虑，对自己以前控制睡眠的幼稚方法和思维感到很可笑。病来如山倒，病去如抽丝，更何况我还服用了抗焦虑和强安定类药物。就这样我用了 3 个月的时间，把抗焦虑药和强安定类药物戒断了，目前我在服用很温和的抗焦虑药，每天服用 1/3 片，我计划再用一个月的时间彻底戒断。

在这里，和大家分享一下我逐步克服失眠和焦虑的感想。让我感到恐惧和无助的是，每天都要面对睡觉，不知道今天自己睡得好不好，睡得够不够，今天睡眠好了明天能继续吗？我的失眠能彻底好吗？自己潜意识仍然追求高睡眠质量，意识不到在失眠之前，我就已经处于亚健康状态，睡眠质量本就欠佳，为何还自欺欺人地给睡眠定高要求。失眠后我经历了典型的入睡焦虑，这个和老师沟通的第一周就得到了明显的改善，后面就是逐步减量安定类药物直到戒断。这期间要经历失眠的反复，非常磨炼人的心志和情绪。我虽然年龄较大，但没经历过大风大浪，属于心理素质比较差的人，面对失眠反复也受了很大的打击和煎熬，所幸的是，在老师的专业指导下和与他的沟通过程中，我逐步学会了克服和忍耐，能做到带着情绪去生活。面对失眠和焦虑的情绪，即使治疗的道理领悟透彻了，还是需要经历和克服的。在治疗过程中，你才能知道失眠也好、焦虑也罢，其实就像感冒发烧一样，只会让你心痛、胸闷、难受罢了，带着这样的状态去勇敢、正常地生活就是了，终究会逐步恢复的，只是时间的问题罢了。

实事求是地说，我花了半个月的时间奔波在一个近一线城市3家三甲医院的几个专业科室。以我的个人经历来看，目前医疗系统没有很成熟的系统化整体治疗方案，对于心理疏导沟通及药物应用，我感觉有些欠缺。其实新冠病毒感染后遗症的失眠已经属于比较典型的状态了，但是没有一个医生在这个方面给我做很好的疏导。在我焦虑很严重的时候，我才知道这是新冠病毒感染后遗症的一种，可这个了解对我心理上的安慰已经微乎其微。当然，不仅仅是新冠病毒感染，从失眠治疗焦虑的专业角度，也应该有心理上的疏导。我经历的医生都没有在这方面给出细致的建议，直接就是诊断我属于失眠焦虑，给我开安定类药物。服用安定类药物还睡不着的话，医生就会开抗焦虑药物和强安定类药物。如果你所在的城市没有让你很安心、很信任的医生能帮你治疗失眠，那么牛老师是你一个很好的选择。他经历过失眠，对失眠者有同理心和耐心，如果你没有服用安定类药物，我想你的失眠没准一周内就有很大的改善，如果你在服用安定类药物，也不用担心，关于安定类药物怎么减量和戒断，牛老师都有很科学和专业的指导，他会很客观地给你建议。在我治疗的过程中，老师给出的指导和建议，我都验证了，确实很受用。

如果你也在经历失眠，我想和你说，失眠一点也不可怕，你需要战胜的永远是你自己。最后再强调一下，请大家一定要记住，失眠造成的焦虑和难受是正常的，一定要勇敢，带着焦虑情绪面对生活吧。你说说话、做做事，忙起来是最好的药物，当你能坦然接受失眠和反复的时候，这就是你治愈失眠的开始。当然，如果你现在还是很焦虑、很害怕，也没关系，你不是孤军奋战。我总会想起牛老师的话，把一切交给时间吧，我正在经历治愈，相信你恢复得会比我快。

少不了经历的惊恐发作

咨询师按：新冠病毒感染后的惊恐发作不知道吓到了多少人，即使没有新冠病毒感染，平日里很多人发作惊恐的经历基本也跟这位朋友一样。明确自己是惊恐发作，是神经症，不是心脑血管疾病，也不会猝死，是对惊恐者最大的安慰。只有自己能够安定自己，才能逐渐摆脱安定类药物。

想不到人生第一次写公众号文章竟是讲述自己的患病和恢复经历。如果读者能从我的经历中避免一些我曾经走过的弯路，也算是这篇文章的意义吧。

今天是一个阳光明媚的春日下午（2023年春），到处都是新发的翠绿色的树叶，在小区散散步，空气真好，能自由地呼吸和工作生活，真是美好啊。

回想3个多月前，我还整天躺在床上，一度无法正常生活。

2022年12月下旬，新冠病毒感染呈现高速传播态势，我们家也不能幸免，一家人全部感染，还好症状都不是很严重，我自己感染后主要症状是第一天嗓子疼痛、肌肉酸痛。然后第二天低烧一天（38.3℃），到第三天症状就减轻了很多。

又经过了一周左右的休息，抗原转阴后我就去上班了，连上了3天班，然后加上某天晚上睡得有点晚，第二天下午上班的时候我感觉有点胸闷。所以，第三天我选择了在家休息，吃完早饭后，坐在椅子上准备在家办公。这个时候忽然感觉胸口很不舒服，心跳一下子突突地跳得很快，桌子上正好备有血氧计，戴上后就看见心率从120左右一直往上飙升到165左右，当时我心里很紧张，给老公发了微信让他赶紧回来，然后慢慢移到沙发上躺下。身体从四肢向胸口一阵阵发紧。

我爸爸妈妈也在家，他们帮我把脚垫起来。过了几分钟，心率稍微降了下来，家人准备好资料后就把我扶到地下室，老公开车把我送去当地一家三甲医院急诊。

到医院后，没有找好停车位置（实际上车可以直接开到急诊室门口），到急诊室还有一段坡道。当时我老公借轮椅去了，我和妈妈在一起，在爬行坡道的过程中，心跳又一次加快，胸口发紧，很难受。

最后是老公把我抱到急诊室的，到急诊室后测量了血压、心率、心电、心肌酶谱（心肌梗死指标），还拍了CT，都没有发现什么问题。急诊医生建议我到心内科找专科医生看看，当天看完后就回家了。

但是，当天胸口发闷、心慌气短的经历给了我很大的惊吓，加之当时各个渠道有报道新冠病毒感染阳康后猝死的信息，我非常担心、害怕。我搜索了心脏复苏的方法发给家人，以便我如果出现紧急情况可以得到及时救援。

在其他群里看到也有我这种情况的，说要平躺，吃辅酶Q10和稳心颗粒，赶紧买了来吃，但是没有明显的改善。

从急诊当天开始，我就很关注我的心率，血氧计整天不离手。我的心率一直处于一个高位运行状态，基本上100，稍微一动就是120，而且我发现早餐后会跳得比较快，所以我那段时间都是在床上吃早餐，吃完后又躺下，早饭后能明显感觉心脏跳得很剧烈，手放在腹部都能感觉到腹动脉跳动。

急诊当天晚上开始，为了防止出现紧急情况，我让我的家人陪我一起睡觉，可是对方呼噜声太大，我一晚上既担心自己睡过去了，又被呼噜吵着，压根没有睡好。这样持续地让家人陪我睡了大概半个月，我一直很难入睡，可能要到夜里 1 点后或者 3 点后才能入睡。

接下来，我又在另一家医院做了 24 小时心电图，结果只是心率比较快，心电图没有明显的问题。过了一段时间，我又挂了当地一个三甲医院的心内科专家号，专家说最近阳康后这种情况很多，没有太大问题，可能需要恢复一段时间。

我妈妈陪我去医院，她请医生给我开点助睡眠的药，医生给我开了地西泮。当天回家我就吃了半片地西泮，后半夜昏昏沉沉地睡着了，但是睡得不沉，半睡半醒。

就这样失眠半个月后，终于想到必须去找睡眠科医生看看了。在家附加挂了睡眠科的一位医生。这位医生态度非常好，很温柔。她的温柔给了我很大的安慰，每次去找她后，我的心情都会比较好一些。她给我做了一个测评，测评结果是轻度焦虑，所以开了曲唑酮和阿普唑仑，以及草酸艾司西酞普兰。

回去后，我看说明书的副作用有心率过慢或者有死亡病例，所以吃药的过程比较紧张。而且刚开始我不太理解为什么要服用草酸艾司西酞普兰，所以服药不规律，偶尔服，偶尔不服（对于服用助眠药，我产生了巨大的心理压力）。

这期间，曲唑酮和阿普唑伦我有时候间隔服用，有时候又调整顺序，所以刚开始效果好，后面几天效果不好，又是很晚才能入睡，于是又去找医生调整了用药顺序。

这样反复折腾下来，由于睡眠长时间不好，加之药物也导致胃口比较差，我整个人精神状态很差，每天感觉很累，累到手机都不想看，累到三餐吃饭都要歇几口气才能吃完，每天活动很少，基本在床上躺着，稍微运动一下，等到晚上8点就累得很，感觉差一口气就回不来了。

当时正值春节，腊月二十九到正月初三的那几天，睡眠更差了，连续几天没有睡着。整个人精神很低落，感觉自己快“挂”了，精神也快失常了。这期间又去了两次急诊，并没有看出什么问题。

这时候又去找了一个三甲医院的睡眠科专家，专家了解完情况，看了我之前的用药后，就给我开了更强效的助眠药劳拉西泮，但是这位医生不是特别有耐心，让我感觉不太好。当天，我想起来通过中药补身体，就顺道到医院挂了号找中医开了中药吃。吃了中药，感觉体力有一些恢复。

这期间，转折点来了，我之前偶然关注了一个公众号“失眠自救计划”，里面有成功恢复的案例，于是就联系了公众号的牛健老师。

但是，我由于对远程咨询还不太信任，所以并没有立即开始执行。然而，当我连续无睡眠三四天后，我想起了这“最后一根稻草”，我决定试一试。

所以，趁着下午有点力气，我又联系了牛老师。他在听我介绍了我的详细情况后给我提了几条建议，然后给我制定了一个缓解焦虑的操作方法。

跟一个远方的陌生人聊天，我感觉很放松，仅仅跟他聊天，也给了我极大的心理安慰。这段时间，家人照顾我也有点疲惫了，免不了因为有些不理解我的情况而发脾气，再次给我造成一些压力。牛老师让我降低对于睡眠的预期。当天晚上心理放松了，但睡眠不是改善得特别明显，牛老师让我慢慢来。

第二天，牛老师跟我通话了一次，他告诉我这个可能是由于焦虑产生的惊恐症状，让我不要担心。现在回想起来，可能是当时由于过度关注疫情的一些负面消息，以及又要带孩子参加英语比赛，再加上装修导致我比较焦虑。究竟是阳康后身体的问题，还是心理焦虑导致心率过快目前原因不太明确。后来我在“果壳”上也看到了类似的惊恐病例，我心里的恐惧逐渐减轻了。

我每天都会跟牛老师聊天，他根据我的情况给我一些建议，他的沟通是比较耐心和缓和的，我慢慢能睡5个小时了，这是一个非常大的进步，我自己也觉得5个小时不错了，信心也逐渐恢复了。当然，这期间我还是继续吃西药来助眠，同时吃补气血的中药。

再后面，我的睡眠时长逐步加长了，饭量也逐步上升了，在此基础上，我开始减少西药，这期间也咨询了睡眠科医生的建议。开始减少1/4的药量，稳定一周后，再逐步减少1/4。

到2023年2月的时候，我的睡眠基本上恢复到了正常的状态，已经可以去工作了。刚开始工作，身体还有点累，就慢慢地逐步加量，同时多进行休息。又经过一段时间的调养，包括采用牛老师远程推荐的中医的中药

(这位中医补气以黄芪为主，我自己也比较认可他的思路)，身体进一步好转。现在已经基本恢复到新冠病毒感染前的状态了，能从上午10点遛娃一直遛到下午6点。

但由于睡眠医生建议惊恐症用药是至少3个月，所以我暂未停止服用草酸艾司西酞普兰，在4月下旬就可以逐步停药了。

回想起2月那段人生的低谷，我要感谢家人始终陪伴在我身边，感谢遇到的各位医生，感谢牛老师。

我也要感谢这次病症本身，让我认识到人生最重要的是什么，就是好好活着，正常地呼吸、正常地走路、正常的吃饭上班。我现在遇到事情也没有之前那么焦虑、那么计较了，不如意的就随他去吧。只愿跟家人待在一起，好好地，平平安安地，平凡地度过每一天。

一位20天走出急性心因性失眠患者的自述

咨询师按：此来访者是一位大学生，他的性格非常的谨慎和着急。发现失眠以后他感到无比惊恐，生活节奏完全打乱，并且以为人生无望。其实，他从失眠到基本走出阴霾，总共只有20天。在这短短的20天中，他经历了绝望和希望，经历了人生的大落大起。其实恐惧只是不懂的人自己吓自己罢了，短期失眠根本不必恐惧，科学调节轻松就能恢复。

失眠的开端是从回国探亲倒时差开始的。当时我从俄罗斯乘坐8小时飞机回到国内，在飞机上一夜未睡，回到学校之后身心疲惫，从早上9点开始睡觉，一直睡到下午5点。我的睡眠时间本就不怎么规律，基本就是从凌晨1点到早上10点，我经常熬夜，并且我对睡眠的环境要求比较苛刻，睡觉通常会戴耳塞，这也算我本次失眠的一个诱因。

下午5点起床后，当天晚上我感受到了第一次失眠。为了第二天早早去图书馆学习，我12点就开始躺床上了。但我其实下午5点刚睡醒，入睡时窗外的空调外机声音巨大，我一直以来都在跟学校维修人员反映，但奈何迟迟没人来维修，加上当时急于入睡，所以就失眠了。然后就是白天补觉，晚上继续被空调外机影响，加上自己着急入睡，导致后续两个晚上依旧没睡着。

之后我回家了一天，当天白天忍着没睡，到了晚上终于睡着了。由于要准备考试，我第二天晚上又回到了学校，结果因为对学校睡眠条件的恐惧导致我又没睡着。从此，我的睡眠出现了异常。我觉得我得回家调整了，于是第二天整理了所有东西回家了。因为这学期没课，我可以随便回家。回家的当天晚上，我带着对失眠的恐惧早早上床，心想：今晚睡不着就完了，我就没办法入睡了。果不其然，带着焦躁，当晚真是没睡着。第二天白天一整天，我什么都做不下去，整个白天昏昏沉沉的，不断预演着入睡的场景，整理入睡的心态，在床上测试多久能睡着。在这之后的几天里我一直重复这个整理心情，到了睡觉时紧张不已，难以入睡。

我在百度上搜索各种病情，不断问自己：我到底怎么了？我是不是废了？各种消极情绪围绕着我，导致我整日焦虑，晚上睡不着。终于我决定去看医生，医生直接给我开了抗抑郁和安眠的药，吃了几天，也没有用。情绪不断受挫。那几天，真的很煎熬，白天整理心情，没有心思干别的事，晚上继续失眠。只得不断重复排解情绪，又不断受挫。我还不敢告诉父母，怕他们担心。只能跟自己的朋友说，也多亏了他们，我撑了两天。

当我在网上查各种治疗失眠办法的帖子时，我发现牛老师写的文章非常符合我的情况、非常专业，医院的医生都不能理解我，他却可以。我仿佛抓到了“救命稻草”，尽快联系到了他，而后开始了我的失眠治愈之路。

以下总结牛老师的指导及自己的心得：

(1) 只要不是有什么生理疾病的心理性失眠患者一定要保持对自己睡眠能力的自信，从第一天开始就树立信心。

(2) 在开始治疗的第一天，白天再怎么害怕，晚上都不要去试图入睡，当然也不需要为睡眠进行泡脚、运动、耗费精力之类的活动，你之前睡眠正常时也没这么

“勤快”过。

(3) 白天离开床，每天在床上的时间一定不要超过8小时，当然不是一辈子都要这样，以后你还是可以随意卧躺（但不建议），可能是本人之前睡眠比较好，所以恢复得比较快。

(4) 相信在老师的指导下你绝对睡得着，把自己交给他，不要有任何焦虑情绪，当你开始按他的步骤做的时候，你就一定睡得着。

(5) 建立放松的心理是重点，坚信自己一定能恢复，加上对床的隔绝及之前身体积累的疲劳，即使今晚睡不着，明晚也一定睡得着。

(6) 到了晚上11点，收拾一下上床睡觉。不听歌，不用助眠，不要玩手机，不要看时间。把灯关掉，少喝点水，找个舒服的姿势躺在那里，睁开或者半闭你的眼睛，不要想睡觉。你要这样想：即使今晚不睡了，半闭着眼睛也是恢复体力，总比焦虑好。躺着如果不舒服，可以坐起来，整理一下再躺。想睡着没错，但你那么想睡觉不还是失眠了？所以想睡没用。当然，也不是说要完全放下对睡眠的渴望，而是说暂时不想睡这个心态很重要。提示：你可以给自己设立一个挑战，试试看你今晚半闭着眼睛能撑多久，当你感觉快要睡着时，请努力撑开眼睛，不知不觉你就会睡着了。因为你实在太困了，而不是你实在太想睡了。睡觉本就是困了才睡，而不是想睡就睡，请走出这个误区，不要怀疑你的睡眠能力。所以，尽情地放松心情，去挑战一下半闭着眼你能坚持多久。

(7) 关于强迫唤醒，我认为这是本能。当你很想睡的时候，会非常在意你即将入睡的时间，期待着睡眠发生，心中不断询问自己是不是快睡着了，导致你对睡眠环境、身体状态认知无比清晰。这种状态下，你怎么可能睡得着？所以，解决这个问题比较好的方法就是不去解决它。你怎么可能解决自己的本能？这个本能是发生在你特别想睡的情况之下，当你放松心情，自信晚上一定睡得着的情况下，再加上你根本就不想早点睡着，你还要试着挑战自己能多晚闭眼睛的时候，这个强迫自然就不存在了。

(8) 有人会担心自己的睡眠控制在8小时以内了，这太不快乐了，睡觉这一美事怎么每天只有8小时以内？请你大可放心，当你痊愈之后，掌握了以上诀窍，生物钟逐渐恢复，你完全可以恢复到之前的状态，甚至比之前状态还好。

以上，就是我痊愈的全部心得，找到一位好的医生真的很重要。牛老师感同身受的指导让我感觉找到了知心之人，在我绝望时，正是他拉了我一把，让我这么快走出来，少走了很多弯路，真的非常感谢牛老师的指导。吃药难治心病，找对咨询师，走出认知误区，才是解决失眠的正确方法。

CHAPTER

6

从此尽是坦途

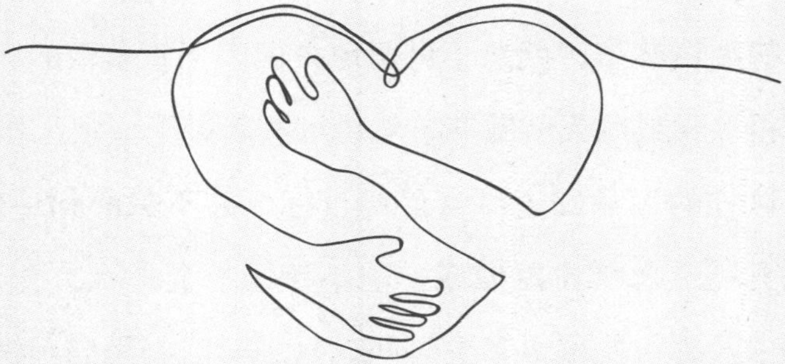

焦虑者的做事风格

根据笔者的亲身体验，在见过众多失眠焦虑来访者之后，笔者发现大家通常具有以下惯常的思维模式和做事风格。这些“焦虑模式”其实都是优点，是把事情做好的基本保证，甚至是驱动人类进步的基本要素。如果在适度的范围内，则必定能把工作和事业做好。但如果用力过度，则必将造成困扰。

◎做事风格急躁，总想一蹴而就

想要做某事，就急不可耐地去做。不管事情的大小，恨不得今天或明天就做完，然后继续奔赴下一项工作。

这样的人只知道盯着最终目标，**并不关心和评估事情究竟需要怎样才能做成**，也不考虑需要什么方法、需要多少资源、要留出多少时间，只是一门心思向前推进。

在目标达成之前，精神一直紧绷着，很少感到开心。

比如，在陷入失眠以后，我们只想赶紧摆脱恼人的躯体症状，不会选择慢下来学习方法，即使学到了正确方法，也不给自己留出时间，只想今天就要睡好。

◎ 保持优秀，拒绝平庸，害怕失败

父母可能在孩子小时候就给孩子设置高标准，个体也会因为一帆风顺的经历给自己未来设置高标准。要保持自身的优秀，拒绝普通和平凡，不然就意味着失败，这样的观念深入骨髓，所以为了满足自己，或者为了取悦老师 / 父母，就要在如此内卷的世界付出更多的成本和更大的代价，使得焦虑感大增。

◎ 不合理地认识自己，不合理地认识世界

焦虑很多时候源于**“你想要的”超出了“你现在的能力”**。之所以不匹配，是因为你有上进心，被教育要成为更好的自己。美其名曰“志存高远”，可脱离自身禀赋、家庭背景的盲目立志，会大大增加焦虑、削弱幸福。志存高远其实就是不切实际的欲望的借口。

所以，笔者建议你更多地参加社会实践，去见识各

种各样的人，**确认自己处在社会什么样的位置**，然后分析自己的能力和优势，同时也要明确自己的局限和天花板，再设置合理的奋斗目标，就不会那么焦虑了。

这方面内容，我们在第二节中还会讨论。

◎完美主义，拒绝中间状态

焦虑者几乎都在努力追求完美，追求事事顺遂、完美无瑕的状态，常对自己的现状进行反思，并对自己的现状感到不满。他们有个习惯，任何事情都想做到接近满分的水平，不能接受仅仅是及格的状态。因为他们很容易就能发现如果做到60分的话，哪些地方还存在改进空间，就忍不住想要弥补它们、改进它们，精益求精。如果停下来，不思考、不解决问题，就会觉得空洞，会产生不安全感。

◎渴望掌控，喜欢支配，恐惧失控

必须按照自己的想法去支配周围的人或事，典型的以自我意识为中心。如果发生了失眠，他们会想尽一切方法发挥自己的“聪明才智”去控制失眠，掌控焦虑症状，从而快速消除症状，快速恢复睡眠。不断验证自己的方法，试图完全掌控睡眠，非常害怕睡眠不稳定的失控状态。

还有事必躬亲。如果一件事自己不亲手去做，或者不亲眼看着别人做，就会控制不住联想到各种后果，导致身体出现不适。难道世界离开了我们就不能正常运转了吗？做不到的我们就不去做，解决不了就不去解决，这也是一种人生态度。

◎活在未来

焦虑者通常不关心当下的场景和成绩，一门心思活在未来，要实现未来的远大理想，以致错过了路上的许多风景。他们认为当下取得优异成绩是理所应当，他们早已习惯了别人羡慕的眼光，取得成绩和接受表扬的那一刻也许会开心三秒，但很快就会想到更加高远的目标，很快就会投入新的战斗。就这样逐渐丧失了对现实事物的感知能力，整个人被未来给绑架了。

活在当下，平衡好工作和生活。热爱未来，也热爱生活。因为每一个当下积累起来才是你的人生，不要为了未来而委屈了当下的自己。

◎怀疑一切，放大危险

此类人常持灾难化思维，将小概率恶性事件放大，比如家人出差回来晚了，就会担心是不是路上发生事故了。当他们遭遇诸如手心出汗、心跳加速、头晕胸闷等焦虑症状时，就会灾难化地认为自己得了大病，并且永远好不了。出现症状后会自行查阅资料，由于网络上信息真假不一，他们更加愿意相信那些严重的后果。结果越搜索越恐惧，越恐惧症状变得越严重，导致更加焦虑。

而且此类人常常持有严重的怀疑思维，医生、父母、朋友都很难打消他的疑虑。他们做决定十分谨慎，经常左右为难、摇摆不定，虽然美其名曰“要做好最坏的打算”，但实际上是给自己制造负担，加重精神内耗。这样的怀疑谨慎、小心验证，其实是人类自我保护的体现。但是，保护过了头，或者毫无意义地为了怀疑而怀疑，就是一种病态了。

具备以上“优点”的人是失眠的高危人群，他们大概率会在一生中的某些时刻出现失眠，而且很容易将失眠延续下去。如何摆脱以上容易焦虑的做事风格，下一节也许能给你答案。

《沙原隐泉》中的焦虑自救之路

余秋雨老师写的《沙原隐泉》是笔者最喜欢的文章之一，中学时曾作为读书笔记摘录，被语文老师批阅为“极好”，要知道这位老师极少给出“好”的评价。《沙原隐泉》是《文化苦旅》一书的开篇之作，对那时背负着巨大人生目标的我启发巨大、影响深远。余老师在文章中通过登山下山传达的人生哲理，对上节提到的容易焦虑的做事风格具有重要指导意义。笔者在失眠之后对这篇文章更是有了新的一番体会，在此笔者摘选了其中的一部分内容及我的读后感推荐给大家。

沙漠中也会有路的，但这儿没有。

……

挡眼是几座巨大的沙山。只能翻过它们，别无他途。

上沙山实在是一项无比辛劳的苦役。刚刚踩实一脚，稍一用力，脚底就松松地下滑。用力越大，陷得越深，下滑也越加厉害。才踩几脚，已经气喘，不禁恼怒。

我在浙东山区长大，在幼童时已能欢快地翻越大山。累了，一使蛮劲，还能飞奔峰巅。这儿可万万使不得蛮劲。软软的细沙，也不硌脚，也不让你碰撞，只是款款地抹去你的全部气力。你越发疯，它越温柔，温柔得可恨之极。无奈，只能暂息雷霆之怒，把脚底放轻，与它厮磨。

要"腾腾腾"地快步登山，那就不要到这儿来。有的是栈道，有的是石阶，千万人走过了的，还会有千万人走。只是，那儿不给你留下脚印，属于你自己的脚印。来了，那就认了吧，为沙漠行走者的公规，为这些美丽的脚印。

心气平和了，慢慢地爬。沙山的顶越看越高，爬多少它就高多少，简直像儿时追月。

已经担心今晚的栖宿。狠一狠心，不宿也罢，爬！再不理会那高远的目标了，何必自己惊吓自己。它总在的，看也在，不看也在，那么，看又何益？

还是转过头来看看自己已经走过的路吧。我竟然走了那么长，爬了那么高。脚印已像一条长不可及的绸带，平静而飘逸地画下了一条波动的曲线，曲线一端，紧系脚下。

完全是大手笔，不禁钦佩起自己来了。

不为那越来越高的山顶，只为这已经画下的曲线，爬。

不管能抵达哪儿，只为已耗下的生命，爬。

无论怎么说，我始终站在已走过的路的顶端——永久的顶端，不断浮动的顶端，自我的顶端，未曾后退的顶端。

沙山的顶端是次要的。爬，只管爬。

脚下突然平实，眼前突然宽阔，怯怯地抬头四顾，山顶还是被我爬到了。

完全不必担心栖宿，西天的夕阳还十分灿烂。

感悟：爬山攀登的过程，不要那么在意目标，过多地关注目标只会让人焦急不安，甚至容易摇摆不定、心生放弃。人们只需要脚踏实地，一步一个脚印去做，事情就没有那么难。

夕阳下的绵绵沙山是无与伦比的天下美景。光与影以最畅直的线条流泻着分割，金黄和黛赭都纯净得毫无斑驳，像用一面巨大的筛子筛过了。日夜的风，把山脊、山坡塑成波荡，那是极其款曼平适的波、不含一丝涟纹。

于是，满眼皆是畅快，一天一地都被铺排得大大方方、明明净净。色彩单纯到了圣洁，气韵委和到了崇高。为什么历代的僧人、俗民、艺术家要偏偏选中沙漠沙山来倾泻自己的信仰，建造了莫高窟、榆林窟和其他洞窟？站在这儿，我懂了。我把自身的顶端与山的顶端合在一起，心中鸣起天乐般的梵呗。

刚刚登上山脊时，已发现山脚下尚有异象，舍不得一眼看全。待放眼鸟瞰一过，此时才敢仔细端详。那分明是一湾清泉，横卧山底。

动用哪一个藻饰词汇，都会是对它的亵渎。只觉它来得莽撞，来得怪异，安安静静地躲藏在本不该有它的地方，让人的眼睛看了很久还不大能够适应。再年轻的旅行者，也会像慈父心疼女儿一样叫一声：这是什么地方，你怎么也跑来了！

是的，这无论如何不是它来的地方。要来，该来一道黄浊的激流，但它是这样的清澈和宁谧。或者，来一个大一点的湖泊，但它是这样的纤瘦和婉约。按它的品貌，该落脚在富春江畔，雁荡山间，或是从虎跑到九溪的树荫下。

漫天的飞沙，难道从未把它填塞？夜半的飓风，难道从未把它吸干？这里可曾出没过强盗的足迹，借它的甘泉赖以为生？这里可曾蜂聚过匪帮的马队，在它身边留下一片污浊？

我胡乱想着，随即又愁云满面。怎么走近它呢？我站立峰巅，它委身山底；向着它的峰坡，陡峭如削。此时此刻，刚才的攀登，全化成了悲哀。

向往峰巅，向往高度，结果峰巅只是一道刚能立足的狭地。不能横行，不能直走，只享一时俯视之乐，怎可长久驻足安坐？上已无路，下又艰难，我感到从未有过的孤独与惶恐。

感悟：人们向往的巅峰也并没有那么舒服。

世间真正温煦的美色，都熨帖着大地，潜伏在深谷。君临万物的高度，到头来只构成自我嘲弄。我已看出了它的讥谑，于是急急地来试探下削的陡坡。

人生真是艰难，不上高峰发现不了它，上了高峰又不能与它亲近。看来，注定要不断地上坡下坡、下坡上坡。

咬一咬牙，狠一狠心。总要出点事了，且把脖子缩紧，歪扭着脸上肌肉把脚伸下去。一脚，再一脚，整个骨骼都已准备好了一次重重的摔打。

然而，奇了，什么也没有发生。才两脚，已出溜下去好几米，又站得十分稳当。不前摔，也不后仰，一时变作了高加索山头上的普罗米修斯。

再稍用力，如入慢镜头，跨步若舞蹈，只十来下，就到了山底。

实在惊呆了：那么艰难地爬了几个时辰，下来只是几步！想想刚才伸脚时的悲壮决心，哑然失笑。康德说滑稽是预期与后果的严重失衡，正恰是这种情境。

来不及多想康德了，亟亟向泉水奔去。

……

感悟：很多看起来非常可怕的事情，真正做起来并没有那么可怕。做了，就有答案。同时，这里也在暗示我们放下身段和光环，将自己融入大众，不要一心想着做高处的佼佼者，将会感到轻松愉悦。

负面情绪产生的根源

担忧、恐惧等负面情绪长期积累，常常会引起失眠、心慌心悸、高血压、眼含血丝、视物模糊、耳鸣、肠胃功能不足、弱不禁风、频繁感冒、性功能低下、荨麻疹和皮肤病等一系列心脑血管和免疫系统疾病。如果任由情绪长期积累下去，可能会引发更为严重的后果。

以上这些都是由负面情绪引发的躯体症状，许多人只是对症治疗相关的表征，但往往收效甚微，殊不知问题的根源是负面情绪。如果你能通过前边讲到的情绪管理、规律运动及情绪释放疗法等途径将负面情绪，尤其是恐惧情绪消除，整个人的身体机能将会大有好转。

通过学习本书内容，希望你目前已经走出精神焦虑和失眠的困扰。在你康复以后，为了尽可能地避免更多负面情绪的产生，笔者将带你认识一下情绪产生的根源——你的主观世界与客观世界不一致，你一味地要求客观世界必须符合你不切实际的主观臆想，从而产生矛盾冲突、引发负面情绪。

比如，我们本书主要讨论的精神焦虑者，就是因为不明白焦虑症的客观原理，只知道主观上一味地逃避、抵抗，愚昧地要求症状马上消失，然而又无法实现，进而引起强烈的焦虑和各种负面情绪，陷入恶性循环。

焦虑者一旦明白了原理——越努力越加重的精神拮抗作用，让自己的行为和想法都符合神经症状本身的规律，知道它存在的合理性和必然性，就可以与症状达成和解，懂得让它们消除需要时间，情绪上就不再着急和恐慌，同时行为上也不再抵抗，积极生活起来，就可以慢慢走出困境。

这便是对客观规律的觉知，觉知然后明智，明智就能宽恕和合理化那些不如意，就能让自己的行为符合客观规律。

其他的情绪问题都莫出其右。比如，人与人之间之所以产生负面情绪，就是由于信息不对称，不能全面换位思考，以个人的主观标准去要求别人与自己的想法保持一致；或由于缺乏社会实践，不懂得社会规则，以个人的浅显认知要求社会按照自己的想法运作，从而产生各种各样的负面情绪。

在《赤壁赋》中，苏轼等人在江上游乐时，面对清风明月，苏轼就在这美丽的夜色下，借着酒兴拍起船板唱起了歌，他的客人吹起了箫，而且吹得非常悲怆，苏轼问其原因，客人说：宇宙如此浩瀚，而我们却如此渺小。如此美丽的景色我们却不能长久拥有，我多么想像神仙一样长生不老，但我知道这不可能实现，所以非常悲伤。

客人悲伤的是人生如此短暂，人类如此渺小，我们普通人既不能像曹操、周瑜一样主宰历史，也无法拥有世间一切美好，好似只应被笑多情，空悲叹华发早生。

但苏轼给出了符合客观世界运行规则的答案。他先说了水与月的运行逻辑，然后接着说道：这天地之间，万事万物都有自己的主人（其实是都有自己的规则、规律），若不是自己应该拥有的，即使一分一毫也不要求取。这江上的清风，以及山间的明月，虽然我们不能拥有它，但耳朵听到便成了声音，进入眼帘便绘出形色，取之不尽、用之不竭，这是大自然给予的无穷无尽的恩赐，我们可以共同享受。

世界有它的规律，我们应当合理地认识世界，合理地定位自己。不属于你的不要去妄图获取，长生不老就不是人类应该追求的，独自长久拥有一切美好事物也是不切实际的。按照一己欲望去追求无尽的物质和时间，只会给自己带来焦虑和悲伤。苏轼说：不拥有，并不代表不能体验和享用；不能控制世界的一切，并不代表不能遵从世界的规律达成你的目的。这就是大千世界运行规律的魅力。

再比如，一个人从小学习优异、名列前茅，逐渐地他会认为自己比别人优秀。但当他走向社会，如果还总是认为并且要求自己保持优秀，就容易产生极度的焦虑。因为客观规律是，这个世界很大，能够让人发挥的空间比我们想象的大得多，每个人都可以得到充分的发展，都在社会上有自己的合理定位。同时，社会并不是零和博弈，不是你强他必弱、你弱他就强，而是大家都可以很强，而且可以相互扶持、相互成就。某个人不可能在任何场合都优于别人，如果主观上一直追求扭曲的目标，将与现实世界严重偏离，会活得很痛苦、很孤独。

还有很多家长一味地逼迫孩子变得优秀，要尽善尽美，可又有谁能够一直优秀，谁又是完美之人呢？只要孩子积极向上，对于特别喜欢的事情认真慢慢去做，不管做大做小，就是最好的状态。而且这样发心纯正地去做事，一定可以不悲不喜、有所成就，甚至突破天际，自然会成为你希望的“人中龙凤”。然后，那些“虚名”和“虚荣”，也会因为认真做好了一件事而接踵而至。这才是让孩子成才的正确路径，才能真正持久地产生源源不断的驱动力，才能让孩子身心愉悦、乐在其中。切不可让孩子为了满足家长、取悦老师或者为了优越感而变得虚假努力。

面对客观世界，就像一个人站在大海旁边。它无边浩瀚，我们无限渺小。你如果想让大海的波涛顺随你的心意而起伏，那简直是痴人说梦。如果你能把握风浪的节奏，就可以扬帆冲浪，出海捞鱼捕虾，接受规律的恩赐而衣食无忧。有些人在股市能够长期淘金，亦是顺应了客观市场。

很多人终其一生，既没能正确认识自己，也没能正确认识世界，结果是忙忙碌碌、郁郁不得志，以致情绪失常、焦虑抑郁，十足可悲。

以后我们再做某件事的时候，一定要看清楚客观世界本来的样子，把每个细节了解清楚，按照规则去参与，不卑不亢、不偏不倚，心态平和。切不可一厢情愿、靠想象、想当然，那样只会事倍功半、徒劳无功，事后又要抱怨。

如果你想深入认识社会和学习为人处世的道理，刘和平编剧的《大明王朝 1566》（豆瓣评分 9.5）不妨看一看，笔者个人在体味剧情中学到了很多道理。

如果我们在每件事上都能看到客观世界的本来样子，并准确地评估自己在客观世界的位置，便不会有太多的情绪起伏，那便是“世事洞明皆学问，人情练达即文章”。世界很大，我们慢慢修为吧！

也无风雨也无晴

提起苏东坡，可谓是无人不知，无人不晓。苏轼的文学作品不仅极具文采，且包含丰富的哲学内涵。这里，笔者向失眠朋友们介绍的是苏轼的“神经症”经历和他在黄州的精神自救。在黄州他写下的《定风波》，是苏轼精神突围的代表作。为什么我如此重视《定风波》，因为它是笔者人生严丝合缝的写照。

苏轼作为古代的文人士大夫，深受儒家文化熏陶，终极理想便是成为宰辅，辅助明君成为贤君圣主。说实话，身为山东人的笔者当初亦是如此想的。然而，他非但没有在最高层实现自己的抱负，反因“乌台诗案”深陷牢狱。笔者也因为种种原因没有走上理想的道路。

苏轼在被关押的一百三十余天里，日夜遭受辱骂不许入睡，还因乌龙事件遭受巨大死亡恐惧。这期间苏轼所经受的精神和躯体上的双重折磨不可谓不痛苦。相比之下，失眠者所经历的可能也不过如此。所以，据笔者大胆猜测，苏轼肯定因为惊恐、焦虑、限制睡眠等种种原因失眠过，并且在此后的一段时间内也一定深受精神焦虑的困扰。后来在众人的求情之下，苏轼最终逃过一死，以其被贬黄州而结案。

被贬黄州后，苏轼由庙堂的士大夫变为乡野的耕作者，由科场得意的才子沦落为田间陇上的“失败者”。其实我们每个人都一样，有所追求必定有朝一日会有所失落，面对人生的失意，如何继续走好接下来的路，不同的人有不同的选择。在诸多选择中，苏轼给我们提供了一种极具参考价值的选择，让无数人得到了超脱，因此，苏轼也成了人们心灵慰藉的一个符号。

在黄州苏轼面临精神和生活上的双重困顿，但他就在黄州城外的东坡地里，完成了精神上的自我救赎。他为了个人生计，在黄州城东一块农田里耕作劳动，这对神经症的康复十分重要，这就相当于我在前文所讲的“不管症状，好好生活”“顺其自然，为所当为”。经过一段时间的参悟和劳动，苏轼已经基本走出了困境。

有一天，苏东坡在去往沙湖买地的途中，突然下起了雨。经历过人生风雨并解脱后的苏东坡，已经无惧这样的现实风雨。于是他写下一首词，向自己和世人宣告，他完成了精神焦虑的自我突围。这首《定风波》就是他突围后的宣言。

原文：莫听穿林打叶声，何妨吟啸且徐行。

白话：不必理会那些风雨会打湿了衣服，一边唱歌一边慢慢走也无妨啊。

隐喻解读：不用担心那些风雨挫折会阻碍自己实现远大的政治理想，人生路快乐地慢慢走下去也无妨啊。

原文：竹杖芒鞋轻胜马，谁怕？一蓑烟雨任平生。

白话：拄着竹杖、穿着草鞋，轻便胜过骑马，有什么可怕？如今一身蓑衣任凭风吹雨打，照样过我的一生。

隐喻解读：在黄州接地气的人间劳作，一身轻松胜过在朝为官。我当初被贬至此，是一件令人难以接受且不敢面对的事，害怕实现不了理想，害怕他人的嘲笑、指摘，自己一直放不下，如今我觉得真无所谓了，如此生活下去也没什么，又怕什么呢？今后任凭风雨、挫折怎么打击都无所谓了，我都会以我的豁达心态好好生活下去。

原文：料峭春风吹酒醒，微冷，山头斜照却相迎。

白话：春风微凉，将我的酒意吹醒，身上略微感到一些寒冷，看山头上斜阳已露出了笑脸。

隐喻解读：黄州的落魄生活，把我的政治梦想吹醒，身心一时难以接受，然而这里的人间烟火却给了我温暖，开启了我人生的另一番喜悦。

原文：回首向来萧瑟处，归去，也无风雨也无晴。

白话：回头望一眼走过来遇到风雨的地方，走吧，无所谓天气是下雨还是放晴。

隐喻解读：回过头想一想自己经历的这些风风雨雨，决定把人生路继续好好走下去，不管将会面对风雨还是晴天，不管顺境还是逆境，内心再无波澜起伏。

后来，苏东坡在杭州所作的《饮湖上初晴后雨·其二》中也表达了同样的思想：水光潋滟晴方好，山色空蒙雨亦奇。欲把西湖比西子，淡妆浓抹总相宜。西湖的景色不管是下雨还是放晴，就像西施一样，不管是淡妆还是浓妆，都是非常美丽动人的。

范仲淹在《岳阳楼记》中道出了文人士大夫出而为仕的精神理想：居庙堂之高则忧其民，处江湖之远则忧其君。是进亦忧退亦忧，然则何时而乐也？其必曰：先天下之忧而忧，后天下之乐而乐。而苏东坡，作为失意人生的精神领袖，给人们提供了“也无风雨也无晴，淡妆浓抹总相宜”的豁达视角。

出而为仕就常怀忧患，遭遇挫折就两相皆宜。两者相得益彰、互为补充，虽各有不同，但同样精彩、同样极具魅力。

这首《定风波》，任何一个有所追求但暂时失意的朋友读完都会感到亲切。笔者认为里边的每一句都是在说笔者自己，从一个有远大抱负却没能实现的青年，到能够安住当下的平和者，笔者觉得现在这种状态很好，没有世俗困扰，不看别人脸色，更无案牍之劳形……

希望正在经历失意的你，能够明白，人生不能一帆风顺，不是谁都可以站在最高处，为所欲为。当个人理想信念无法实现的时候，不要钻进牛角尖，之前设立的人生目标并不是一定要实现。像苏轼那样静下心来去专心劳动，去品味当下的酸甜苦辣，你也能够实现自己的精神突围。事后回过头来再看，你会觉得很多事情真的无所谓。

正是“回首向来萧瑟处，归去，也无风雨也无晴”。

后　记

彻底走出失眠的反复

（一）

反复发作、时好时坏是心理生理性失眠的典型特征，我们究竟如何彻底摆脱这种磨人的反复呢？其实，如果你能“有幸”时好时坏，睡好以后白天身体感觉还比较舒服，这恰好说明只是情绪化的心因性失眠而已，不是很严重的精神障碍。

心理生理性失眠患者都是这样，睡不好一段时间后，不知道什么原因，就又能睡好一阵子。但这种睡得好是经不起怀疑的，很容易在我们自己的质问声中，重新开始失眠。而且每次重新开始失眠，负面的恐惧、沮丧、愤怒等情绪就会加重几分，躯体症状也会不同程度地加重（每次复发都伴随不同程度的加重，在《睡眠医学基础》中是有明确说明的）。

我们某段时间睡好以后，为什么会质问自己，为什么会自我怀疑？就是因为这段时间的睡好，是不知不觉的，是不受控制的，没有建立在科学方法之上，这种失控感让人不能放心。

所以，首先要解决这种失眠的反复，就要让睡得好建立在科学方法之上。那科学方法是什么？我在第二章中已经讲得非常详细了，主要包括核心的行为疗法和对入睡症状的认知纠正，详细的可翻看第二章第六节。当你通过正确的方法得到了好睡眠，那么你就走出了康复的第一步。

（二）

有的同学虽然通过正确的方法能够获得好睡眠，但内心仍旧充满疑虑，害怕失眠再次出现，害怕方法失效，害怕自己情况特殊……这些想法，其实都是因为你目前正处于焦虑状态。这种状态下的各种想法就好比骨折后的疼痛，会不受控制地冒出来。但不受控制地冒想法只是症状而已，并不是真实的事实。等你真正能够不断睡好以后，这种顾虑和怀疑就会自我消逝。

因此，当你通过正确的练习，并且多次暴露在真实的失眠复发环境中，你都能顺利睡着，让失眠发生的概率变得确定起来，你就真的不会那么怕了。所以现在，不要害怕失眠的反复，反复是给我们提供练习正确心态的机会，是彻底康复路上的必修课。好的心态不可能想起来就可以彻底掌握，而是必须在实践中才可以形成“肌肉记忆”。

这个道理就跟健身房增加肌肉一样，教练跟你说究竟如何可以增长肌肉，不是说了方法你的肌肉就立刻长大了，而是需要你不断地通过器械训练才可以。思维同样是需要训练才可以完成的。很多人误以为思想转变是一瞬间的，认为自己如果改变不了想法，控制不了思绪，就完蛋了，这个误区也是很多朋友不断焦虑下去的原因。

当你睡好以后，就放心大胆地去健康生活（具体的行为也在书稿第 49 页的“回归健康生活”中有说明），不要总是惦记着睡眠去自我怀疑。保持乐观豁达的心态，并学会一定的情绪管理能力，这样可以很大程度地预防失眠的复发。

即使再次出现反复的时候，你只要确信，继续按照正确方法去做，失眠就一定能再次被克服。这时候，掌控感和信心就会建立起来。你的失眠也会因此真正不再反复。

（三）

解决心理生理性失眠其实并不难，难就难在失眠朋友得不到理解，或者行动力不足。不肯行动起来的原因是不被理解、不够信任，所以，本书的众多篇幅都在尽最大努力理解患者。只有理解了患者，才可以让患者信任。只有如此，他们才能坚定地做出改变，从而更加快速地看到效果。这其实是在解决依从性难题。

作为咨询师，提供理解和支持的工作是必需的，甚至比方法本身更重要。

回忆过去，笔者面对失眠和焦虑症经历了反复的痛苦挣扎，也几度悲观地认为自己快要不行了。现在调整过来，重拾阳光生活，感觉人生厚重了很多。

有时想想自己也才三十几岁，却感觉人生已经沉甸甸地过了很久。此书算是笔者人生前三十年的总结，并以此书向人生的前三十年做一个告别。同时，以此为开端，迎接奔四的日子。三十多距离四十岁，尚有近十年时间。如此想来，人生之路还很长，接下来的日子笔者要不慌不忙、不悲不喜，安住当下，慢慢走下去，就像苏东坡那样。

笔者知道，失眠是一段痛苦的经历，康复过程也是一个波动的过程。如果在你自救期间，需要高效快速，需要有人陪伴，同时需要进行辅导和心理支持，请通过微信公众号“失眠自救计划”联系我。

牛健

2023 年 6 月 27 日于北京